Inhalt

		Seite
I.	Einführung:	
	A. Beschreibung des Arbeitsverfahrens	3— 6
	B. Die Entwickelung und der gegenwärtige Stand des Spritzgußverfahrens	6—13
II.	Der Einströmvorgang:	
	A. Die Eigenart des Einströmvorganges beim Spritzguß	13—16
	B. Die Strömungsvorgänge in der Form	16—38
	C. Die Druckverteilung in der Form	38—42
III.	Die praktische Auswertung der Untersuchung des Einströmvorganges	
	A. Die Bedeutung der Einströmungsgrößen für den Erfolg des Spritzgußverfahrens	42—45
	B. Die praktischen Richtlinien für die Bemessung der Einströmungsgrößen und für die Gestaltung des Druckverlaufes in der Gießmaschine	46—49

Sonstige Veröffentlichungen dieser Arbeit:
1. in der Zeitschrift „Werkstattstechnik", XX. Jahrgang, Heft 4 und 6,
2. als Teil des im Verlage von Julius Springer, Berlin W 9, erscheinenden Buches „Der Spritzguß" von dem gleichen Verfasser.

ISBN 978-3-662-31402-9   ISBN 978-3-662-31609-2 (eBook)
DOI 10.1007/978-3-662-31609-2

I. EINFÜHRUNG.
A. Beschreibung des Arbeitsverfahrens.

a) Einleitung.

Das Spritzgußverfahren[1]) besteht darin, flüssiges Metall in eine genau gearbeitete, stählerne Dauerform unter so hohem Druck hineinzupressen, daß es die Form vollständig ausfüllt und saubere, scharfe, der Aussparung in der Form genau entsprechende Gußstücke ergibt. Dabei werden in ununterbrochener Aufeinanderfolge Gußstücke erzeugt, die untereinander in den Abmessungen mit ganz geringen Toleranzen übereinstimmen und glatte, saubere Oberflächen besitzen. Die Hohlform entspricht bis auf das Schwindmaß bereits den Abmessungen des Fertigerzeugnisses; und zwar ohne Bearbeitungszugaben. Bohrungen und Gewinde werden mit ganz wenigen Ausnahmen mitgegossen, so daß die Gußstücke nach der Entfernung des Grates und Eingusses im allgemeinen ohne weitere Nacharbeit einbaufähig sind.

Die im Spritzguß verwandten Gußlegierungen lassen sich in drei Gruppen einteilen:

1. die niedrigschmelzenden Schwerlegierungen: Blei-, Zinn- und Zinklegierungen;
2. die Aluminiumlegierungen;
3. die Kupferlegierungen.

Hierbei ist jede Legierung nach ihrem vorwiegenden Bestandteil benannt.

Unter diesen Legierungen kann der Gußstoff für jedes Stück entsprechend seinem Verwendungszweck und den geforderten physikalischen und chemischen Eigenschaften ausgewählt werden.

Im Vergleich zu mechanischer Herstellung bei größter Sorgfalt und im Austauschbau sind die Genauigkeit und Auswechselbarkeit der Spritzgußstücke teilweise ebenso groß, bei den Zinnlegierungen noch größer. Bei kleineren Stücken können die Abweichungen vom Sollmaß innerhalb ± 0,01 mm, für bestimmte Abmessungen sogar noch kleiner gehalten werden[2]). Bei den höherschmelzenden Schwerlegierungen sind die Toleranzen etwas größer. Bei Aluminiumspritzgußstücken sind die Abweichungen etwa 5 mal so groß als bei Zinnspritzgußstücken von gleicher Gestalt.

Die Spritzgußerzeugnisse sind daher für Massenfabrikation von vornherein besonders geeignet. Die Anwendung des Spritzgußverfahrens kommt aber auch aus wirtschaftlichen Gründen nur für Massenfabrikation mit sehr großen Stückzahlen in Betracht. Die Kosten der Gießformen sind sehr hoch; sie liegen für ein Spritzgußstück mittlerer Größe zwischen 500 und 3000 Mark und können bei besonders komplizierten oder großen Stücken noch wesentlich höher sein. Die Stückzahl eines Auftrages muß aber in jedem Falle so groß sein, daß sich die Herstellung eines so teuren Gießwerkzeuges bezahlt macht.

Von welcher Stückzahl an der Spritzguß lohnend wird, hängt ganz von der Art des betreffenden Gußstückes ab. Denn der Hauptvorteil des Spritzgußverfahrens besteht in der Ersparung mechanischer Arbeit. Je mehr und je kostspieligere Arbeitsgänge ein Stück bei einer anderen Herstellungsmethode erfordern würde, und je geringer die Kosten für die Herstellung der Gießform sind, bei desto geringeren Stückzahlen werden die Formkosten durch die ersparten Bearbeitungskosten bereits aufgewogen. Im allgemeinen dürfte es kaum lohnend sein, das Spritzgußverfahren bei Stückzahlen von weniger als 3000 Stück anzuwenden. Bei Stücken, die auf anderem Wege mit geringen Bearbeitungskosten (z. B. durch Stanz- oder Automatenarbeit) vollständig herstellbar sind, kommt Spritzguß für gewöhnlich auch bei den größten Stückzahlen nicht in Betracht. In bezug auf die Stückgröße und das Stückgewicht sind die Grenzen des im Spritzguß Herstellbaren heute bereits sehr weit. Die Stückgewichte liegen normalerweise bei den niedrig schmelzenden Schwerlegierungen zwischen 0,5 g und 8 kg, bei den Aluminiumlegierungen zwischen 5 g und 2 kg; jedoch sind auch schon weit schwerere Stücke im Spritzguß hergestellt worden.

b) Die Beschreibung des Arbeitsvorganges.

In Fig. 1 und 2 ist das Verfahren an Hand einer besonders einfachen Apparatur — einer Kolbenspritzpumpe mit Handbetätigung — veranschaulicht. In dieser Figur bedeuten: B einen von außen mit Gas beheizten Metallbehälter, der in seinem Innern eine Plungerpumpe enthält, deren durch den Plunger P gesteuerte Einlauföffnungen C bei gehobenem Plunger (Fig. 2) das Innere des Pumpenzylinders mit dem Metallbade verbinden, während die Auslaßöffnung D durch den Steigkanal S zum Spritzmundstück M hinführt. Der Plunger P wird in einfachster Weise durch den Handhebel J betätigt. Der ganze Metallbehälter befindet sich innerhalb des Gehäuses G', das im Innern mit einem Wärme isolierenden Futter ausgekleidet ist und auf dem Maschinenrahmen Q aufruht. Auf dem gleichen Rahmen Q ist der Formträgerrahmen N' in einer Schlittenführung verschiebbar angeordnet. Bei der gezeichneten Konstruktion wird die Bewegung des Formträgerschlittens und die Öffnungs- und Schließbewegung der Form durch das Exzenter O gesteuert, das mittels des Hebels J' bewegt wird. In Fig. 1 ist die Form durch das in der Totlage befindliche Exzenter O geschlossen und fest gegen das Gießmundstück M angedrückt. Der Plunger, der eben die Einlauföffnungen C des Pumpenzylinders abgesperrt hat, wird nach unten bewegt und preßt hierbei das Metall durch den Steigkanal S und das Mundstück M in die Form. Nach Beendigung der Formauffüllung wird der Druck auf das Metall noch so lange aufrechterhalten, bis der Einguß E erstarrt ist. Hierauf wird der Plunger P wieder in die in Fig. 2 gezeigte Stellung gehoben, wobei das Metall durch die Schlitze C aus dem Vorratsbehälter in den Pumpenzylinder nachströmt. Der gesamte Form-

---

[1]) Für das Arbeitsverfahren sind außer dem Worte „Spritzguß" auch noch die Bezeichnungen „Preßguß" und „Fertigguß" üblich. Der Ausdruck „Preßguß" ist jedoch ungünstig, weil er zu falschen Vorstellungen über den Arbeitsvorgang und zu Verwechslungen mit dem eigentlichen Preßverfahren führen kann. Der Ausdruck „Fertigguß" hat den Nachteil, sich nicht auf den Arbeitsvorgang, sondern auf eine Eigenschaft des Arbeitserzeugnisses zu beziehen, die auch manche andere Gießverfahren (z. B. die in der zahntechnischen Praxis üblichen sowie der Messingguß nach Doehler) mit einem gewissen Recht für sich in Anspruch nehmen können. Dem gegenüber gibt der Ausdruck „Spritzguß" in anschaulicher Weise das wesentlichste Kennzeichen des Arbeitsvorganges wieder, nämlich das Einströmen des Metalles in die Form mit hoher Geschwindigkeit. Daher soll im folgenden an diesem Ausdruck festgehalten werden.

[2]) In der Richtung senkrecht zur Trennfuge der Form sind die Abweichungen im allgemeinen etwas größer als in den anderen Richtungen.

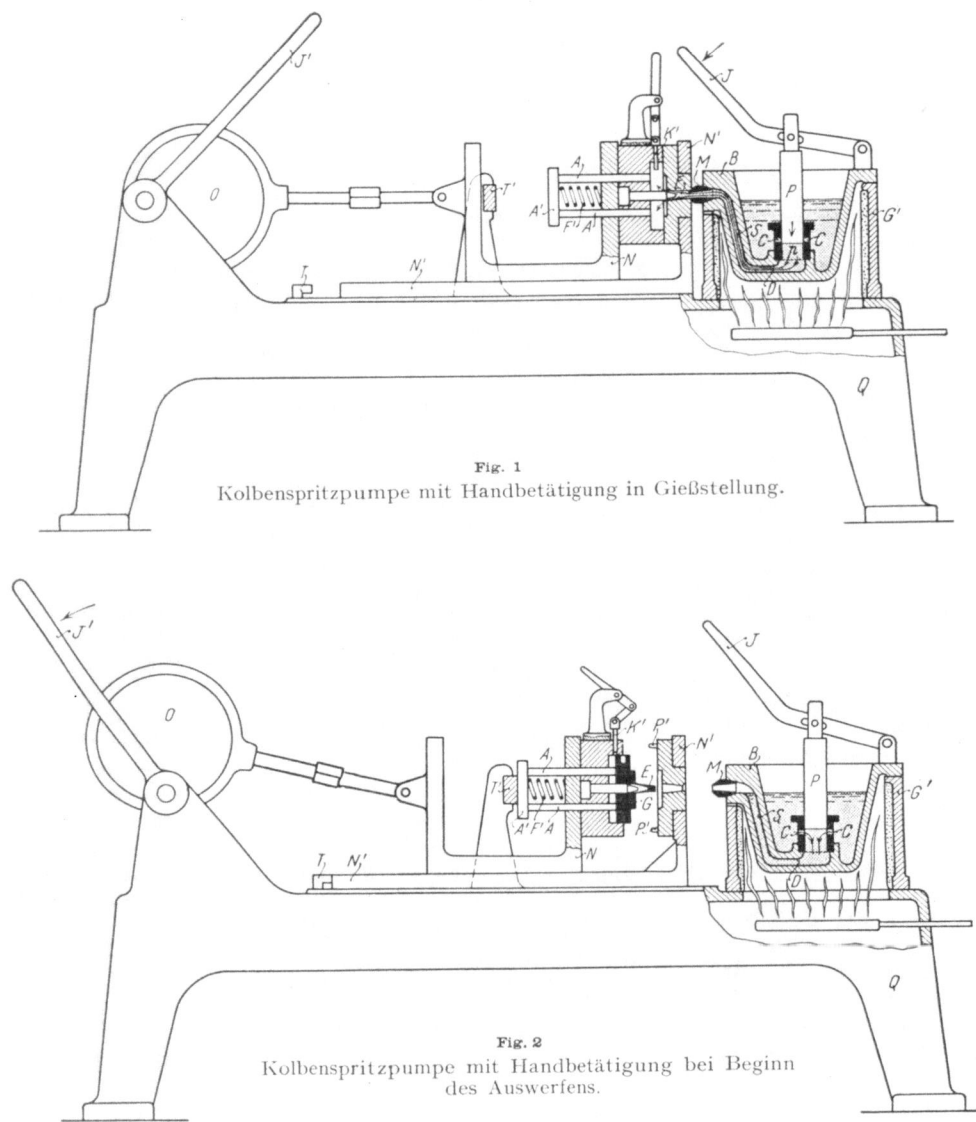

Fig. 1
Kolbenspritzpumpe mit Handbetätigung in Gießstellung.

Fig. 2
Kolbenspritzpumpe mit Handbetätigung bei Beginn des Auswerfens.

1. die Gießmaschine,
2. die Gießform,
3. der Formträger,
4. das Gießmetall.

1. Die Gießmaschine.

Die Gießmaschine hat die Aufgaben, das Metall in flüssigem Zustande vorrätig zu halten und bei jedem Gießvorgange eine bestimmte, für das Gußstück hinreichende Menge unter hohem Druck in die Form zu pressen. Diese Aufgaben sind entsprechend den verschiedenen, durch das Gießmetall, die Stückgröße und die Stückzahl gegebenen Erfordernissen in der mannigfaltigsten Art erfüllt worden. Die Zahl der ausgeführten Spritzgußmaschinen ist sehr groß. Das wichtigste Unterscheidungsmerkmal, das zugleich die Anwendbarkeit einer Maschinentype für bestimmte Gußlegierungen abgrenzt, ist die Art der Druckerzeugung. Als wesentlichste Typen sind zu nennen: die Kolbenspritzpumpen und die Druckluftgießmaschinen. Die erste Gruppe ist brauchbar zum Verspritzen der Zink-, Zinn- und Bleilegierungen, die zweite Gruppe wird für die hochschmelzenden Aluminium- und Kupferlegierungen angewandt. Ein Vertreter der ersten Gattung ist die in Fig. 1 und 2 dargestellte Maschine. Eine der bekanntesten Druckluftgießmaschinen ist in Fig. 4 und 5 dargestellt.

Neben diesem wichtigsten Kennzeichen unterscheiden sich die Gießmaschinen noch nach der Spritzrichtung, nach der Art der Nachfüllung der Druckkammer und nach der Art der Druckmittelbetätigung in mannigfaltigster Weise. Näheres hierüber wird in einem späteren, ausführlichen Kapitel „Gießmaschinen" dieses Buches ausgeführt werden.

2. Die Gießform.

Die Gießform hat die Aufgabe, im geschlossenen Zustande eine bis auf das Schwindmaß dem Fertigerzeugnis genau entsprechende Umgrenzung des Gußstückes zu bilden, im geöffneten Zustande aber das Gußstück so freizugeben, daß es ohne Beschädigung irgendeines Formteiles entfernt werden kann. Eine Spritzgußform wird ganz allgemein so entworfen, daß sie sich in zwei Hälften[3]) öffnet. In jeder Hälfte sind die Formelemente, die der Entfernung des Gußstückes aus derselben entgegenstehen würden (z. B. der Kern K' in Fig. 1 u. 2), so verschiebbar angeordnet, daß durch ihr Zurückziehen das Gußstück frei wird. Soweit derartige

trägerschlitten N' wird durch Betätigung des Exzenters O vom Mundstück M abgezogen, bis er gegen den Anschlagbock T stößt. Durch weitere Bewegung des Exzenters in der durch den Pfeil gezeigten Richtung wird der auf dem Formträgerschlitten N' verschiebbare, die hintere Formhälfte tragende Schlitten N zurückgezogen, so daß sich die Form öffnet. Dann wird der das Sackloch im Gußstück erzeugende Kern K' mittels des in den Figuren ersichtlichen Hebelgestänges aus dem Gußstück zurückgezogen. Hierauf wird die hintere Formhälfte durch Weiterdrehen des Exzenters O in dem in Fig. 2 eingezeichneten Drehsinne so weit zurückgezogen, daß die auf die am Maschinenrahmen starr befestigte Querleiste T' aufstoßende Auswerferplatte A' das Gußstück G aus der Form auswirft. Nun wird die Form gereinigt, wieder geschlossen und aufs neue in die in Fig. 1 gezeigte Stellung gegen das Mundstück angedrückt. Der Kern K' wird wieder in die Arbeitsstellung (siehe Fig. 1) gebracht. Die Ausstoßerstifte A werden durch die Feder F' selbsttätig zurückgezogen. Darauf kann das Arbeitsspiel von neuem beginnen.

c) Die Elemente des Arbeitsvorganges.

In dieser einfachsten Gestaltung der Spritzgußapparatur sind alle Elemente des Verfahrens zu erkennen, auf die schon die obige Erklärung des Spritzgußprozesses hinweist, nämlich:

---

[3]) Der Ausdruck „Formhälften" ist natürlich ungenau, da es sich dabei nicht um gleiche Teile handelt; er ist jedoch in der Spritzgußpraxis so eingebürgert, daß er im folgenden Verwendung finden soll.

Elemente dazu bestimmt sind, in dem Gußstück Hohlräume zu erzeugen, bezeichnet man sie als Kerne, soweit sie Teile der äußeren Umgrenzung des Gußstückes (z. B. an einer Unterschneidung) bilden, werden sie als Schieber bezeichnet. Da das Verfahren nur bei rascher Arbeitsfolge und hoher Ausbringung rationell ist, darf das Freimachen der Gußstücke und ebenso das Wiederzusammensetzen der Formen für den nächsten Guß keine komplizierte Zusammensetzarbeit erfordern. Daher sind die beiden Formhälften geführt; im geschlossenen Zustande wird ihre richtige Stellung gegeneinander durch die Paßstifte P' gesichert. Ebenso sind auch alle in den Formhälften verschiebbaren Teile geführt. Sämtliche beweglichen Teile werden durch leicht zu bedienende Antriebsorgane (Hebel, Exzenter, Zahnstange) gesteuert, so daß auch komplizierte Formen mit wenigen Handgriffen geöffnet und wieder geschlossen werden können.

Durch die zahlreichen, gegeneinander beweglichen Teile wird schon eine Form für ein verhältnismäßig einfaches Gußstück zu einem komplizierten Apparat. Bei Stücken mit zahlreichen Bohrungen, Ansätzen in verschiedenen Richtungen und Unterschneidungen kann die Gießform zu einem Kunstwerk in bezug auf Konstruktion und Werkstattarbeit werden.

Der das Gußstück umgrenzende Teil der Form, die Formaussparung, muß mit größter Genauigkeit hergestellt sein und saubere, tadellos polierte Oberflächen besitzen, weil hiervon die Maßhaltigkeit der Gußstücke und die Sauberkeit ihrer Oberflächen abhängt. Die Führungen aller beweglichen Teile müssen so eng gepaßt sein, daß kein Metall in die Fugen eindringt. Dabei sollen sie so sauber gearbeitet sein, daß trotz des geringen Spieles kein Fressen eintritt. Alle abdichtenden Flächen müssen mit größter Genauigkeit aufeinander passen. Aus alledem geht zur Genüge hervor, daß der Entwurf einer Form für jedes einigermaßen komplizierte Stück sehr gewandte und geübte Spezialkonstrukteure, ihre Herstellung in der Werkstatt erstklassige Facharbeiter erfordert.

Die Formen für niedrigschmelzende Legierungen werden aus hochwertigem Kohlenstoffstahl, die für hochschmelzende Legierungen aus legierten Sonderstählen hergestellt. Diese sind meist schwer bearbeitbar, so daß schon aus diesem Grunde Formen für hochschmelzende Legierungen vergleichsweise teurer werden, als die für niedrigschmelzende Legierungen. Überdies erfordert eine Form für hochschmelzende Legierungen auch häufig eine größere Zahl verschiebbarer Teile und eine andere, meist verwickeltere Art der Formtrennung, als eine Form für das gleiche Stück aus einer niedrigschmelzenden Legierung. Auch dieser Umstand trägt zur verhältnismäßigen Erhöhung der Formkosten bei hochschmelzenden Legierungen bei. Näheres hierüber wird in einem späteren, ausführlichen Kapitel über „Gießformen" dargelegt werden.

3. Der Formträger.

Der Formträger (N' in Fig. 1 u. 2) hat die Aufgabe, die Formteile und die Organe zur Betätigung ihrer Öffnungs- und Schließbewegungen aufzunehmen und zu führen und die Bewegung der Form als Ganzes gegen das Spritzmundstück zu vermitteln. Auch der Formträger kann je nach Gesamtanordnung der Maschine und Form in verschiedenster Weise ausgeführt sein. Die Hauptbewegung des Formträgers, durch die die Form als Ganzes gegen das Spritzmundstück bewegt wird, kann als Gleit- oder Kippbewegung ausgebildet sein. Die hintere Formhälfte kann auf dem Formträger durch Bolzen oder in Nuten geführt werden. Die Betätigung der verschiedenen Bewegungen kann von Hand, durch mechanischen Kraftantrieb oder durch Dampf-, Wasser- oder Druckluftzylinder erfolgen. Als Übertragungsorgane können Kniehebel, Gelenkhebel, Exzenter, Spindeln oder Zahnstangen Verwendung finden.

Der Formträger muß so ausgebildet sein, daß in der Gießstellung die Formplatten gegeneinander und die Form als Ganzes gegen das Mundstück fest verriegelt sind, damit sie nicht durch den Gießdruck geöffnet bzw. zurückgedrängt werden. Wenn ein Gußstück, in der Trennfuge der Formhälften gemessen, einen Querschnitt von 100 cm^2 besitzt, und der Gießdruck 30 kg/cm^2 beträgt, so kann im Augenblick der Vollfüllung des Gußstückes auf die beiden Formhälften ein Druck von 3000 kg wirken, der sie auseinanderzusprengen versucht. Dieses Beispiel zeigt die Wichtigkeit einer unbedingt zuverlässigen Verriegelung. Diese kann in mannigfacher Weise erfolgen: bei Verwendung von Exzentern oder Kniehebeln als Antriebsmitteln durch Totpunktlage, bei Spindeln durch Selbsthemmung, bei anderen Ausführungen durch besondere Sperrorgane.

4. Die Gußlegierung.

Entscheidend für den Anwendungsbereich des Verfahrens ist das Gießmetall. Gegenwärtig werden im Spritzguß Zinn-, Zink-, Blei- und Aluminiumlegierungen in großem Umfange verarbeitet, wobei jede Legierung nach ihrem hauptsächlichen Bestandteil bezeichnet ist. Verfahren zum Verspritzen von Kupferlegierungen sind zur Zeit schon so weit ausgebildet, daß man mit dem baldigen Erscheinen von Messing- und Bronzespritzguß auf dem Markte mit großer Wahrscheinlichkeit rechnen kann.

Aus der großen Zahl der bekannten Gußlegierungen sind nur verhältnismäßig wenige für den Spritzguß verwendbar. Insbesondere dürfen aus der Brauchbarkeit einer Legierung zum Sandgußverfahren niemals Schlüsse auf ihre Verwendbarkeit zum Verspritzen gezogen werden, da der Spritzguß grundsätzlich andere Anforderungen an das Gießmetall stellt.

Eine Legierung, die im Spritzguß verarbeitbar sein soll, muß sich in der Gießmaschine in einem eisernen Tiegel längere Zeit hindurch flüssig erhalten lassen, ohne den Schmelzbehälter oder die Druckkammer übermäßig anzugreifen, und ohne selbst während des Verweilens in der Gießmaschine fühlbar verschlechtert zu werden. Sie darf im flüssigen Zustande nicht wesentlich zur Gasaufnahme oder zur Oxydation neigen, darf nicht warmrissig sein und soll unmittelbar nach dem Erstarren hinreichende Festigkeit bei geringer Schrumpfkraft besitzen, um Gußstücke von gesundem, dichtem Gefüge zu ergeben, die von Gasblasen und Einschlüssen frei sind, während der Erstarrung und Abkühlung in der unnachgiebigen Form nicht reißen und auf die aus- und einspringenden Formteile nicht mit allzu großer Kraft aufschrumpfen (in der Form „kleben"), so daß sie leicht und ohne Beschädigungen ausgeworfen werden können. Ferner soll eine Spritzlegierung gefügebeständig sein, d. h. sie darf im festen Zustande (bei Abkühlung im thermodynamischen Gleichgewicht) keine solchen Umwandlungen durchmachen, durch deren Unterdrückung bei rascher Abkühlung sie eine Neigung zu Alterungserscheinungen, d. h. zu nachträglicher Veränderung der Gestalt oder Verminderung der Festigkeit der Gußstücke, erhält. Beim Verspritzen in die Form darf sie die Formwandung nicht angreifen und sich insbesondere nicht an ihr anlöten.

Diese Bedingungen werden in weitestem Maße erfüllt von den Blei- und Zinnlegierungen, die daher auch zuerst als Spritzmaterialien Verwendung fanden. Erst allmählich gelangte man dazu, durch Abänderung und Vervollkommnung der Spritzapparatur, durch Veränderung

rung ihrer Konstruktionsmaterialien und durch Erhöhung der werkstattstechnischen Sorgfalt in der Spritzwerkstatt, auch die höherschmelzenden, weniger bequem vergießbaren Legierungen zu verspritzen. Jede Erweiterung des Bereiches der Spritzlegierungen brachte eine Fülle neuer Aufgaben und Schwierigkeiten. Die Geschichte der Entwicklung des Spritzgußverfahrens ist gleichzeitig die Geschichte der schrittweisen Überwindung der Schwierigkeiten, die sich seiner allmählichen Ausdehnung auf Legierungen von immer höheren Schmelzpunkten und immer schwierigeren chemischen und physikalischen Eigenschaften entgegenstellten.

B. Die Entwicklung und der gegenwärtige Stand des Spritzgußverfahrens.

a) Letterngießerei, Blei- und Zinnspritzguß.

Der Ausgangspunkt und zugleich die älteste Anwendung des Spritzgußverfahrens ist die Letterngießerei. Hierbei wurde zum ersten Male einem Gießverfahren die Aufgabe gestellt, in großer Auflage scharfkantige, saubere, austauschbare Gußstücke herzustellen, die der Form mit einer solchen Genauigkeit entsprechen mußten, wie sie in der damaligen Zeit sonst nirgends in Gießereien erfordert wurde. Dies führte erstmalig zu dem Gedanken, das flüssige Metall unter Druck in eine eiserne Dauerform zu pressen. Die dazu verwandten Gießvorrichtungen unterschieden sich im Prinzip nicht wesentlich von der in den Fig. 1 und 2 dargestellten Handspritzpumpe. Als Gußmaterial diente das bekannte Letternmetall eine Legierung aus Zinn, Blei und Antimon.

Von der Letterngießerei war es nur ein Schritt zur Übertragung dieser Fertigungsmethode auf andere Fabrikationsgebiete, wofür alsbald Zinnlegierungen in großem Umfange verwandt wurden. Diese Zinnlegierungen erwiesen sich infolge ihrer geringen Schwindung, ihrer niedrigen Gießtemperatur und ihrer vollständigen, jedes nachträgliche Verziehen ausschließenden Gefügebeständigkeit als besonders geeignet zur Erzeugung von Präzisionsteilen mit so geringen Abmaßen und Toleranzen, wie sie bei keinem anderen Arbeitsverfahren in der Massenfabrikation erreichbar sind.

Hierdurch fand der Zinnspritzguß rasch Eingang in den Präzisionsapparatebau zur Fertigung aller derjenigen Teile, von denen höchste Genauigkeit erfordert wird, die jedoch nur so geringen mechanischen Beanspruchungen ausgesetzt sind, daß die Festigkeit der Zinnspritzlegierungen $\left(\text{Zugfestigkeit } 8 \div 11 \frac{kg}{mm^2}\right)$ dafür ausreicht. Ganze Fabrikationsgebiete, z. B. die Herstellung von Zählern, Präzisionsmeßinstrumenten usw., konnten erst durch dieses Verfahren zur wirtschaftlichen Massenfertigung gelangen. Ein weiteres, in Amerika besonders ausgedehntes Anwendungsgebiet wurde dem Spritzguß ferner geboten durch die Herstellung von Lagerschalen aus Babbit-Metallen, die dort in sehr großem Umfange nahezu einbaufertig gespritzt werden.

Diese rasche Ausbreitung des Spritzgußverfahrens führte bald zu weiterer Vervollkommnung seiner Apparatur. Die Gießmaschinen und Formträger wurden in konstruktiver Beziehung weiter durchgebildet; neben die primitiven Handspritzpumpen (Abb. 1. u. 2), wie sie für kleinere Stücke bei geringen Stückzahlen noch heute mit Vorteil verwandt werden, traten die für größere Gußstücke und hohe Auflagen besser geeigneten Maschinen mit Betätigung der Kolben- und teilweise auch der Formbewegung durch maschinelle Antriebsmittel verschiedenster Art. Einen Endpunkt der Entwicklung nach dieser Richtung hin stellen die vollautomatischen Gießmaschinen dar, die — besonders für Zinnspritzguß — zur Einführung gelangten.

Eine derartige Gießmaschine ist die selbsttätige Vakuumgießmaschine nach dem System Veeder. Bei dieser Maschine arbeitet die Form während der ganzen Betriebszeit innerhalb eines evakuierten Raumes, so daß die darin erzeugten Gußstücke von Luftblasen frei sind. Die Maschine läuft, nachdem die Gießform einmal eingerichtet ist, in vollständig selbsttätigem Gange ohne irgendeine Zutat menschlicher Arbeit, außer gelegentlichem Nachfüllen von Metall in den (außerhalb des Vakuumraumes liegenden) Schmelzbehälter. Sie leistet eine Ausbringung von 250—1000 Schuß [4]) je Stunde [5]). Diese Maschine ist besonders gut geeignet zur Fertigung kleiner Zinnspritzgußteile von höchster Genauigkeit und Sauberkeit, die in so hohen Auflagen hergestellt werden, daß die Einrichtungskosten nicht beträchtlich ins Gewicht fallen.

b) Der Zinkspritzguß.

1. Die Gründe für die Ausdehnung des Spritzgußverfahrens auf Zinklegierungen.

Solange das Spritzgußverfahren nur auf Blei- und Zinnlegierungen angewandt werden konnte, blieb es auf die Herstellung solcher Teile beschränkt, die weder nennenswerten mechanischen Beanspruchungen, noch erhöhten Temperaturen ausgesetzt sind. Jedoch bildeten seine großen fabrikatorischen Erfolge und der mit der Ausbreitung der Massenfabrikation stets steigende Bedarf an billigen Arbeitsverfahren zur Herstellung von Austauschteilen einen ständigen Anreiz, auch höherschmelzende Legierungen von größerer mechanischer Festigkeit zu verspritzen, aus denen auch stärker beanspruchte Konstruktionsteile hergestellt werden konnten. Gleichzeitig drängte das fortwährende Steigen des Zinnpreises und endlich, insbesondere in Deutschland, der Zinnmangel während des Krieges dazu, für das kostbare Zinn ein billigeres Ersatzmittel zu schaffen.

2. Die anfänglichen Schwierigkeiten des Verspritzens von Zinklegierungen.

Am nächsten lag für beide Zwecke die Einbeziehung des Zinks in den Kreis der Spritzmetalle, der sich jedoch zunächst große Schwierigkeiten entgegenstellten. Einmal liegt die Gießtemperatur der Zinklegierungen um ca. 150° C höher als die der Zinnlegierungen, so daß Gießmaschine und Form in stärkerem Maße thermisch beansprucht werden. Ferner kam mit dem Zink zum ersten Male ein Spritzmetall zur Anwendung, welches das Eisen in fühlbarem Maße angreift und mit ihm eine schwer schmelzbare Verbindung (das sogenannte Hartzink) bildet. Bei den ersten Versuchen zum Verspritzen von Zinklegierungen wurden die Kolben der Spritzgußmaschinen und ihre Führungen rasch angegriffen, so daß die Maschinen bald festgefahren waren. Weiter wurde das Verspritzen von Zink in der ersten Zeit auch dadurch erschwert, daß die meisten Zinkspritzlegierungen gegen zu hohe Temperaturen sehr empfindlich sind und bereits durch einmalige starke Überhitzung spröde und brüchig werden. Hierdurch wurde eine genauere Regulierbarkeit der Heizvorrichtungen erfordert als beim Zinnspritzguß. Endlich zeigte sich als bedeutungsvollste Schwierigkeit, die sich dem Verspritzen von Zink entgegenstellte: die Neigung zahlreicher Zinklegierungen zum Altern, d. h.

---
[4]) Unter „Schuß" versteht man beim Spritzguß den eigentlichen Gießvorgang.
[5]) je nach der Art und Größe des Gußstückes.

zu nachträglicher Veränderung der Gestalt, der Festigkeitseigenschaften und der Oberflächenbeschaffenheit der Gußstücke im Laufe einer längeren Zeit.

3. Die Überwindung dieser Schwierigkeiten.

Die Apparatur. Der Schwierigkeiten, die auf dem Gebiete der Spritzapparatur lagen, konnte man verhältnismäßig schnell Herr werden. Die stärkere thermische Beanspruchung der Form wurde durch Verwendung anderer, besser geeigneter Formmaterialien ausgeglichen. Durch zweckmäßige Konstruktionsänderungen der Spritzpumpen beseitigte man auch die Schwierigkeiten, die diesen die höhere Temperatur bereitete. Die Neigung der Kolben und Laufbuchsen zum Festfressen wurde stark vermindert durch Abänderungen in der Zusammensetzung der Legierung. Insbesondere erwies sich ein geringer Aluminiumzusatz in dieser Richtung als günstig. Die Empfindlichkeit des Zinks gegen Überhitzung erzog die Spritzgußwerkstatt zum sorgfältigen Gebrauch des Pyrometers.

Alterungserscheinungen. Am schwersten zu überwinden waren die Schwierigkeiten, die das Altern der Zinklegierungen bereitete. Unglücklicherweise befanden sich gerade unter den in der ersten Zeit verspritzten Zinklegierungen manche, die diese Eigenschaft in besonders hohem Maße aufwiesen. So kam es, daß beim Aufkommen des Zinkspritzgußes Gußstücke in großer Zahl geliefert wurden, die sich einige Zeit nach dem Einbau stark verzogen oder platzten, oder die nach längerem Gebrauch eine wesentliche Verschlechterung ihrer Festigkeitseigenschaften oder ihrer Oberflächenbeschaffenheit zeigten. Am schlimmsten war es, daß diese anfänglichen Mißerfolge in manchen Verbraucherkreisen die Meinung aufkommen ließen, das Altern sei eine unvermeidliche Begleiterscheinung des Spritzgußverfahrens als solchem. Hierdurch wurden die Verbraucher von Spritzguß in große Unruhe versetzt und das ganze Spritzgußverfahren so stark diskreditiert, daß an manchen Stellen das Mißtrauen dagegen bis zum heutigen Tage noch nicht völlig geschwunden ist.

Die eigentlichen Ursachen der Alterungserscheinungen. Durch enge Zusammenarbeit der Spritzgußpraxis mit der metallkundlichen Wissenschaft gelang es, auch die mit dem Altern zusammenhängenden Fragen so weit zu klären, daß das Altern heute keine Gefahr mehr für den Zinkspritzguß darstellt. Sobald neben den Werkmeistererfahrungen auch die Ergebnisse der wissenschaftlichen Forschung in Betracht gezogen wurden, erkannte man, daß die eigentliche, primäre Ursache des Alterns nicht in dem Spritzverfahren als solchem liegt, insbesondere nichts mit dem Hineinspritzen des Metalles in die Form unter Druck zu tun hat, sondern daß die Neigung zum Altern auf ganz charakteristischen Eigenschaften bestimmter Legierungen beruht.

Ein Altern kann[6], wie wir heute wissen, überhaupt nur bei solchen Legierungen eintreten, die bei langsamer Abkühlung im festen Zustande Umwandlungen erleiden, welche durch rasche Abkühlung unterdrückt werden. Wird eine solche Legierung in einer Abschreckform (Spritzgußform oder Kokille) vergossen, gleichviel, ob mit oder ohne Druck und ob mit geringer oder hoher Geschwindigkeit, so befindet sich das Gußstück nach dem Erkalten nicht im thermodynamischen Gleichgewichtszustande. Der Gefügezustand ist somit labil, und von einer gewissen Temperatur an gehen im Gefüge Veränderungen vor sich in der Richtung einer Annäherung des Gefügezustandes an den Gleichgewichtszustand.

Somit liegt die primäre Voraussetzung für die Möglichkeit des Alterns immer in der Natur der Legierung an sich. Nur bei Vorhandensein dieser Voraussetzung (nämlich eines Umwandlungspunktes im festen Zustande) kann die beim Spritzgußverfahren auftretende Abschreckung als sekundärer, auslösender Umstand die Ursache der Neigung zu Alterungserscheinungen werden.

Die „Anlaßtemperatur"[7], von der an diese Gefügeveränderungen beginnen, liegt bei den verschiedenen Legierungen sehr verschieden, jedoch stets weit unterhalb desjenigen Temperaturbereiches, in dem bei langsamer Abkühlung die Umwandlung in den Gleichgewichtszustand eintritt.

Bei manchen Legierungen, zu denen gerade einige der anfangs viel verwandten Zinkspritzlegierungen gehören, tritt dieses allmähliche „Anlassen" schon bei Zimmertemperatur ein, so daß Spritzgußstücke aus solchen Legierungen sich schon bei Zimmertemperatur nach längerem Lagern verändern müssen.

Daneben können allmähliche Veränderungen auch durch eigentliche chemische Einwirkungen hervorgerufen werden. Ist ein Material z. B. einer Atmosphäre ausgesetzt, von der es chemisch angegriffen wird, so kann es hierdurch zunächst Veränderungen seiner Oberfläche und, von dieser ausgehend, auch seines Inneren erleiden, die gleichfalls Änderungen der Gestalt und der Festigkeit zur Folge haben können.

Jedoch ist dies bei weitem nicht so bedeutungsvoll wie die chemisch-physikalischen, die Gefügeumwandlungen bewirkenden Kräfte. Denn gegen die chemischen Einwirkungen, die stets von außen herankommen, kann ein Material durch Schutzschichten verschiedener Art (galvanischen Überzug oder Lack) geschützt werden, während es gegen die chemisch-physikalischen Kräfte, die ihren Sitz im Innern des Materials selbst haben, einen solchen Schutz nicht gibt.

Nutzanwendung dieser Zusammenhänge zur Vermeidung der Alterungserscheinungen. Mit der Übernahme dieser Erkenntnis in die Spritzgußpraxis war auch bereits der Weg zur Umgehung der in den Alterungserscheinungen liegenden Gefahren gewiesen, nämlich eine sachgemäße Auswahl der zum Verspritzen verwandten Legierungen unter besonderer Berücksichtigung dieser Zusammenhänge.

Bei solchen Legierungen, die nach dem Erstarren überhaupt keine Umwandlungen mehr erleiden, liegt eine Gefahr des Alterns von vornherein nicht vor. Bei solchen dagegen, die nach dem Erstarren noch Umwandlungen durchmachen, kommt es vor allem darauf an, wie hoch die „Anlaßtemperatur" liegt, von der an das Gefüge, sofern durch Abschreckung die Umwandlung unterdrückt ist, zu „arbeiten" beginnt. Liegt bei einer Legierung, die sich nach dem Abschrecken im labilen Zustande befindet, diese „Anlaßtemperatur" hoch über der Gebrauchstemperatur eines bestimmten Stückes, so kann dieses unbedenklich aus der betreffenden Legierung gegossen werden.

Die systematische Durchforschung der Zinkspritzlegierungen. Es war eine der wichtigsten Aufgaben der Spritzgußforschung, die gebräuchlichen Zinkspritzlegierungen unter diesen Gesichtspunkten zu durchforschen und zu sichten. Diese Arbeiten sind teils auf Veranlassung der Deutschen Gesellschaft für Metallkunde, teils auf Veranlassung des Ausschusses für wirtschaftliche Fertigung (beide im Verein deutscher Ingenieure), teils auch unmittelbar durch einzelne größere

---

[6]) Außer durch eigentliche chemische Einwirkungen, siehe nächste Spalte Abs. 4.

[7]) Unter „Anlaßtemperatur" soll im folgenden diejenige (unterste) Temperatur verstanden werden, von der an in einem nicht im Gleichgewicht befindlichen Gefüge Veränderungen vor sich gehen.

Spritzgußwerke in großzügigen Versuchsreihen vorgenommen worden, die sowohl im staatlichen Materialprüfungsamt, als auch in den Forschungslaboratorien einzelner Spritzgußwerke zum Teil schon durchgeführt sind, zum Teil noch weitergeführt werden.

Diese Versuche haben bis jetzt schon wesentliche Ergebnisse gezeitigt. Es sind schon eine Anzahl von Zinkspritzgußlegierungen festgestellt, bei denen durch die Alterungserscheinungen Gestaltveränderungen nur in so geringem Maße[8]) auftreten, daß hierdurch die Brauchbarkeit der Gußstücke nicht beeinträchtigt wird (außer bei besonders hohen Ansprüchen an die Genauigkeit oder bei besonders ungünstiger Gestalt der Stücke).

Anderseits wurden Legierungen, die früher häufiger benutzt worden waren, wegen ihrer starken Neigung zum Altern als ungeeignet erkannt und ausgeschieden.

Eines der wichtigsten der bisher erzielten Ergebnisse war die teilweise Aufklärung des Einflusses, den ein Aluminiumgehalt auf die Alterung der Zinkspritzlegierungen ausübt. Bisher ist mit Sicherheit festgestellt[9]), daß binäre Zink-Aluminiumlegierungen bei einem Aluminiumgehalt bis 0,5 v. H. völlig gefügebeständig sind, bei einem höheren Aluminiumgehalt zu altern beginnen.

Auf die (beim Spritzguß praktisch verwandten) Mehrstofflegierungen sind diese Resultate nicht ohne weiteres quantitativ übertragbar. Nach den bisherigen praktischen Erfahrungen scheint es, daß bei diesen die Grenze für den Aluminiumzusatz höher liegt; exakt ist dies noch nicht geklärt.

Veröffentlichungen über die bisherigen Forschungsergebnisse sind zum Teil schon erfolgt[9]), zum Teil in nächster Zeit zu erwarten.

4. Der heutige Stand der Zinkspritzgußtechnik.

Seit Feststellung dieser Ergebnisse können auch Zinkspritzgußstücke in einer Ausführung geliefert werden, die den praktischen Anforderungen zahlreicher Verwendungsgebiete entspricht. Die Zugfestigkeit der heute verarbeiteten Zinkspritzlegierungen liegt zwischen 11 kg/mm² und 15 kg/mm². Das Zinkspritzverfahren ist fabrikatorisch zu der gleichen Vollkommenheit entwickelt wie der Zinn- und Bleispritzguß.

Der Anwendungsbereich des Zinkspritzgusses ist infolge seiner (im Vergleich zu den Blei- und Zinnlegierungen) größeren mechanischen Festigkeit und seines billigen Preises sehr groß. Er erstreckt sich auf alle diejenigen für Spritzguß geeigneten Konstruktionsteile des Apparate- und Armaturenbaues, für die seine Festigkeit hinreicht, an die nicht ganz besonders hohe Ansprüche in bezug auf Genauigkeit gestellt werden, die nicht in chemischer Beziehung besonders ungünstigen Bedingungen ausgesetzt sind und die endlich nicht so ungünstig gestaltet sind, daß sie schon durch die äußerst geringen Volumenveränderungen, die die heute verwandten Zinkspritzlegierungen durch Altern noch erleiden, merkliche Gestaltveränderungen durch Werfen oder Verziehen erfahren.

Gegenwärtig dürfte weit mehr als die Hälfte des in Deutschland aus niedrigschmelzenden Legierungen hergestellten Spritzgusses in Zinklegierungen ausgeführt werden. Die Entscheidung darüber, ob sich die Ausführung eines bestimmten Stückes in Zinkspritzguß empfiehlt, erfordert sehr große Sachkenntnis. Sie muß jeweils nach den an das Stück im Gebrauche gestellten Anforderungen unter Berücksichtigung seiner konstruktiven Gestaltung getroffen werden; sie muß also letzten Endes immer dem Spritzgußfachmann selbst überlassen bleiben.

Wenn sich noch heute an Zinkspritzgußstücken Übelstände durch Altern zeigen, ist nach dem oben Gesagten nicht mehr dem Stande der Zinkspritzgußtechnik als solcher schuld zu geben. In solchen Fällen liegt die Schuld vielmehr daran, daß entweder das betreffende Stück an und für sich zur Ausführung in Zinkspritzguß nicht geeignet ist, oder daß eine ungeeignete Legierung verwandt, oder die Arbeit seitens des einzelnen Lieferers nicht mit genügender werkstatttechnischer Sorgfalt ausgeführt worden ist.

Gerade die dem Altern am stärksten ausgesetzten Zinklegierungen zeigen unmittelbar nach dem Guß günstigere mechanische Eigenschaften als die am wenigsten alternden. Zur Zeit ist es noch gänzlich der Gewissenhaftigkeit des einzelnen Lieferers überlassen, den Bezieher betreffs der Eignung eines Stückes für Zinkspritzguß sachgemäß zu beraten, unter Verzicht auf falschen Schein und trügerische (weil nur kurze Zeit geltende) Festigkeitswerte nur die bewährten Legierungen zu verwenden, sich insbesondere auch durch Preisrücksichten nicht zur Anwendung einer billigeren, jedoch ungeeigneten Legierung bestimmen zu lassen und Aufträge, die entweder wegen der Gestaltung oder der Erfordernisse des Stückes oder wegen des Preises nicht in einwandfreier Weise ausführbar sind, abzulehnen.

Es ist allerdings zu hoffen, daß es bei weiterem Fortschreiten der Arbeiten des Ausschusses für wirtschaftliche Fertigung über kurz oder lang zu einer völligen Normalisierung der erprobten und bewährten Zinkspritzlegierungen kommen wird. Dann wird durch Veröffentlichung der Analysen und Bekanntgabe der hierbei endgültig festgestellten im Zinkspritzguß erreichbaren Festigkeitswerte die Verwendung ungeeigneter Legierungen ausgeschlossen werden, so daß der Bezieher von Zinkspritzguß nicht mehr wie bisher ausschließlich auf die Gewissenhaftigkeit des Lieferwerkes in bezug auf Auswahl der Legierung angewiesen sein wird.

5. Grenzen der Anwendbarkeit des Zinkspritzgusses.

Wenn somit der Zinkspritzguß sich auch ein sehr bedeutendes Anwendungsgebiet erobert hat, so ist er doch durch seine mechanischen und chemischen Eigenschaften von bestimmten Verwendungsbereichen ausgeschlossen.

Z. B. dürfen zinnhaltige Zinkspritzlegierungen nicht auch nur vorübergehend auf mehr als 100° C erwärmt werden, da sonst Ausperlungen auftreten, so daß bei derartigen Legierungen besondere Vorsicht beim Lackieren geboten ist. Die Festigkeitseigenschaften der Zinkspritzlegierungen genügen den Anforderungen stärker beanspruchter Konstruktionsteile vielfach nicht. Für Teile von sehr ungünstiger konstruktiver Gestaltung, an die hohe Ansprüche betreffs zeitlicher Unveränderlichkeit der Maße gestellt werden müssen, ist nach dem oben Gesagten die Ausführung in Zinklegierung gleichfalls nicht zu empfehlen.

Auch für Teile, die ungünstigen chemischen Einwirkungen (z. B. häufiger Berührung mit Dampf oder säurehaltiger Luft) ausgesetzt sind, ist Zinkspritzguß nicht geeignet. Bei Berührung mit organischen Säuren bildet Zink giftige Salze, so daß Zinkspritzgußteile nur an solchen Stellen verwendet werden dürfen, an denen sie nicht mit Nahrungsmitteln in Berührung kommen. Endlich wird Zinkspritzguß auch durch sein hohes spezifisches Gewicht von mancherlei Anwendungs-

---

[8]) Die lineare Maßänderung innerhalb von 2 Jahren beträgt bei diesen Legierungen etwa 0,02—0,025 vH. der Meßlänge.

[9]) Zeitschrift für Metallkunde, 1924, Heft 6, S. 221—228, Bauer und Heidenhain: „Das Verhalten der Aluminium-Zinklegierungen".

gebieten (z. B. für größere Apparatteile und im Fahrzeugbau) ausgeschlossen.

c) Der Aluminiumspritzguß.

1. Die vorteilhaften Gebrauchseigenschaften der Aluminiumlegierungen.

Daher richtete sich das Bestreben der Spritzgußfachleute schon seit langer Zeit darauf, auch die Aluminiumlegierungen (d. h. Legierungen mit vorwiegendem Aluminiumgehalt) zur Verarbeitung im Spritzguß heranzuziehen. Der höhere Schmelzpunkt, das geringe spezifische Gewicht, die günstigen chemischen Eigenschaften gegenüber atmosphärischen Einflüssen und organischen Säuren, die beträchtlich größere Dehnbarkeit und Dauerschlagfestigkeit, sowie endlich die unbedingt zuverlässige Gefügebeständigkeit zahlreicher Aluminiumgußlegierungen[10] auch nach Abschreckung ließen ihre Verwendung im Spritzguß besonders wünschenswert erscheinen.

2. Die anfänglichen Schwierigkeiten beim Verspritzen.

Es erwies sich jedoch zuerst als ganz unmöglich, mit den vorhandenen Vorrichtungen Aluminium zu verspritzen. Den Grund hierfür bilden bestimmte chemische und physikalische Eigenschaften des Aluminiums und seiner technisch wichtigen Gußlegierungen, nämlich

1. die besonders hohe Auflösungsfähigkeit des flüssigen Aluminiums für fast alle Metalle,
2. die hohe Gießtemperatur,
3. die starke Schwindung in Verbindung mit den Festigkeitseigenschaften.

Von diesen Eigenschaften setzte am Anfang die zuerst genannte der Verwendung des Aluminiums im Spritzguß die größten Widerstände entgegen. Gerade die technisch wichtigsten Metalle werden vom Aluminium besonders rasch angegriffen. Kupfer und weiches Eisen lösen sich in flüssigem Aluminium beinahe zusehends auf. Auch hochlegierte Sonderstähle besitzen im rotwarmen Zustande (der beim Schmelzbehälter und bei der Druckkammer durch die hohe Schmelztemperatur des Aluminiums bedingt wird) gegen flüssiges, namentlich gegen strömendes Aluminium nur geringe Widerstandsfähigkeit. Lediglich rohes Gußeisen wird auch im rotwarmen Zustande von flüssigem Aluminium verhältnismäßig wenig angegriffen, namentlich so lange es noch von der Gußhaut bedeckt ist.

Auch auf das Formmaterial wirkte die große Angriffsfähigkeit des flüssigen Aluminiums im Verein mit der hohen Gießtemperatur dadurch nachteilig ein, daß das Gußmaterial schon nach kurzer Betriebsdauer an den damals verwandten Formmaterialien anzulöten begann und überdies infolge der starken thermischen Wechselbeanspruchung die Formen bald rissig wurden.

Das starke Schwinden der Aluminiumlegierungen, die größere Schrumpfkraft, mit der Aluminiumspritzgußstücke auf alle aus- und einspringenden Formteile aufschwinden, endlich die Warmrissigkeit der in der ersten Zeit vorwiegend verspritzten Aluminiumlegierungen[11] bedingten eine völlige Umänderung der Formkonstruktionen. Der Aluminiumspritzguß wurde erst betriebsfähig nach einer Umwälzung sowohl im Gießmaschinen- als auch im Formenbau.

---

[10]) Unbeständigkeit des Gefüges nach Abschreckung ist bisher nur bei zinkhaltigen Aluminiumlegierungen mit höherem Zinkgehalt festgestellt worden, wie sie im Spritzguß nicht verwandt werden. (Bei binären Al-Zn-Leg. tritt Umwandlung bei mehr als 17 % Zn-Gehalt auf.) Siehe die unter Fußnote 9 erwähnte Veröffentlichung.

[11]) Heute werden bereits zum großen Teil Aluminium-Legierungen verspritzt, die fast gar keine Warmrissigkeit aufweisen.

3. Die Überwindung dieser Schwierigkeiten.

α) Aluminium-Spritzgußmaschinen.

Zunächst erwies es sich, wie nach dem vorher Gesagten leicht verständlich, als unmöglich, Aluminium in Kolbenspritzpumpen von der Art zu verspritzen, wie sie für die niedrigschmelzenden Legierungen angewandt werden. Alle mit dem flüssigen Metall in Berührung kommenden Maschinenteile wurden in ganz kurzer Zeit angefressen. Hierdurch und durch die hohe Temperatur wurde es bewirkt, daß alle ineinander geführten Teile nach kurzer Zeit fest saßen und alle gegeneinander abdichtenden Teile sehr bald undicht wurden. Die Konstruktion von Gießmaschinen, auf denen im laufenden Betrieb Aluminium verspritzt werden konnte, wurde erst möglich, nachdem man sich entschlossen hatte, grundsätzlich neue Wege zu gehen.

Das Grundprinzip in der Konstruktion aller dieser Aluminiummaschinen mußte darin bestehen, innerhalb des flüssigen Metalles, insbesondere an Stellen hoher Strömungsgeschwindigkeit, keinerlei aufeinander arbeitende oder gegeneinander abdichtende Konstruktionsteile anzubringen. Hiermit war die Verwendung des Kolbens als unmittelbar wirkendes Druckmittel[12] ausgeschlossen, so daß die Einführung von Druckluft als Treibmittel geboten war.

Zu dieser Maßnahme entschloß man sich jedoch erst nach vielen Mißerfolgen in anderen Richtungen, da man gegen die Verwendung von Druckluft grundsätzliche Bedenken hegte. Man befürchtete, daß das Gußmetall in der Maschine stark oxydieren würde, daß Luftblasen in das flüssige Metall hineingewirbelt würden, die dann keine Gelegenheit mehr zum Entweichen fänden; man hielt die Art des Druckanstieges für ungünstig.

Diese Bedenken waren teils unbegründet, teils übertrieben. Es bedurfte jedoch erst längerer Erfahrungen mit Druckluftgießmaschinen, um sie endgültig aus dem Wege zu räumen.

Fig. 3 zeigt eine verhältnismäßig alte, heute nur noch wenig verwandte Konstruktion einer Druckluftgießmaschine in schematischer Darstellung in der Gieß-

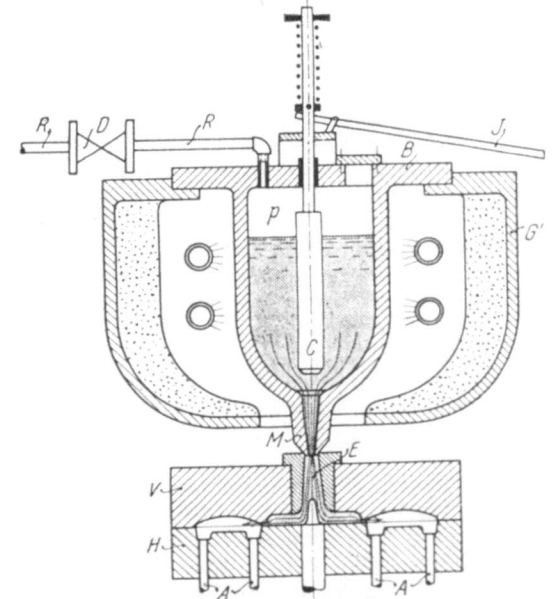

Fig. 3. Veraltete Druckluftgießmaschine mit untenliegendem Spritzmundstück.

---

[12]) Als indirekt wirkendes Treibmittel wird der Kolben neuerdings wieder bei einer Aluminium-Spritzmaschinentype verwandt. Näheres hierüber siehe S. 11.

stellung. Das flüssige Metall befindet sich in dem mit Gas beheizten Behälter B, der innerhalb der mit einer Wärme isolierenden Schicht ausgekleideten Heizkammer G' angebracht ist. Das Rohr R führt zur Druckluftquelle; die Druckluftzu- und -ableitung wird gesteuert durch das Absperrorgan D, das als Dreiwegehahn ausgebildet ist. Unten am Behälter befindet sich die das Spritzmundstück M tragende Ausströmöffnung, die durch das mit Handhebel J zu betätigende Ventil C verschließbar ist.

In der Gießstellung befindet sich die (in Fig. 3 durch die Vorderplatte V und die Hinterplatte H schematisch dargestellte) Gießform unter der Gießvorrichtung; sie wird durch in Fig. 3 nicht mitgezeichnete Vorrichtungen fest geschlossen, gegen das Mundstück M angedrückt und verriegelt gehalten.

Die durch das Rohr R zugeleitete Druckluft setzt das Metall unter den Überdruck p.

Zum Gießen wird das Ventil C geöffnet. Das Metall strömt in der dargestellten Art in die Form hinein; nach Beendigung der Auffüllung und nach Erstarrung des Eingusses E wird das Ventil C geschlossen, die Form vom Mundstück entfernt und hierauf in der schon früher beschriebenen Art geöffnet, worauf das Gußstück von allen Kernen und Schiebern freigemacht und mittels der Auswerferstifte A ausgestoßen wird.

Die Steuerung der Druckluft erfolgte bei den verschiedenen Abarten dieser Konstruktion in verschiedener Weise. Entweder wurde die Druckkammer unmittelbar vor Beginn des Gießvorganges mit der Druckmittelquelle verbunden, nach seiner Beendigung jedoch von der Druckzuleitung abgesperrt und mit der Außenluft verbunden, so daß sich die Luft im Druckkammerinnern entspannen konnte.

Oder die Druckkammer wurde erst nach dem Anlüften des Ventils C unter Druck gesetzt, so daß im ersten Augenblicke das Metall nur unter Einwirkung der Schwerkraft ausströmte. Auch in diesem Falle wurde die Luft in der Druckkammer nach jedem Schuß wieder entspannt.

Endlich ließ man in manchen Fällen den Druck beständig auf den Metallspiegel einwirken, so daß das Absperrorgan D immer die Verbindung mit dem Druckluftbehälter aufrechterhielt und während des Betriebes überhaupt nicht betätigt wurde.

Die ganze Anlage dieser Maschine, insbesondere die zuletzt genannte Betätigungsart, weist deutlich darauf hin, daß sich der Konstrukteur beim Entwurfe noch sichtlich von den obengenannten Bedenken gegen die Anwendung von Druckluft hatte leiten lassen. Durch die Unterbringung des Metallbades in einem allseitig geschlossenen Raum, durch die jede Aufwirbelung vermeidende Metallbewegung in nur einer, mit der Schwerkraft übereinstimmenden Richtung, ferner dadurch, daß bei der mit kontinuierlichem Luftdruck arbeitenden Type der Metallspiegel während einer längeren Zeit nur immer mit der gleichen Luftmenge in Berührung kam, hoffte man, die Oxydation des Metalles sowie die Hineinwirbelung von Luftblasen in dieses weitgehend hintanzuhalten.

Der schwache Punkt dieser Konstruktion in allen ihren Abarten liegt, wie leicht ersichtlich, in der Notwendigkeit, ein Absperrorgan innerhalb des Metallbades zu verwenden. Die Ventile und Ventilsitze wurden ebenso schnell angefressen wie früher die Kolben und Zylinder der Spritzpumpen. Bei der geringsten Undichtheit strömte der gesamte Metallinhalt heraus, was namentlich bei kontinuierlichem Druck p zu häufigen Unfällen führen mußte. Die Maschine wird daher heute wohl kaum noch in nennenswertem Umfange zum Verspritzen von Aluminium angewandt. Sie ist gleichwohl von Interesse als ein sichtbares Zeugnis der Umwege, die die Technik in diesem wie in vielen anderen Fällen infolge einer unbegründeten Voreingenommenheit gegangen ist.

Die Erkenntnis, daß eine Aluminiumspritzgußmaschine am ehesten dann betriebssicher arbeitet, wenn sie innerhalb des Metallbades keinerlei aufeinander arbeitende oder gegen einander abdichtende Teile enthält, führte schließlich dazu, unter Hintansetzung aller anderen Bedenken, diesen Gesichtspunkt zum leitenden der ganzen Konstruktion zu machen. Die Zahl der seither unter diesem Prinzip gebauten und erprobten Druckluftgießmaschinen ist außerordentlich groß. So verschieden sie aber auch in ihrem Aussehen und in ihrer konstruktiven Durchbildung sind, so ist ihnen doch allen das gemeinsam, daß die Druckkammer als ein aus zwei kommunizierenden Schenkeln bestehendes Gefäß ausgebildet ist, von denen der eine mit der Druckluftzuleitung verbunden ist, während der andere in das Spritzmundstück ausmündet. Die Nachfüllung des Metalles in die Druckkammer erfolgt bei den meisten Typen durch das Spritzmundstück hindurch, bei einigen durch besondere außerhalb des Metallbades befindliche Nachfüllöffnungen[13]).

Als typischer Vertreter der heute vorwiegend üblichen Druckluftgießmaschinen kann die in Fig. 4 in der Gießstellung, in Fig. 5 in der Schöpfstellung bei geöffneter Form dargestellte Spritzgußmaschine[14]) gelten.

Die Abbildungen sind nach dem früher Gesagten leicht verständlich. B ist die als Schöpfgefäß ausgebildete Druckkammer, die mittels der Gelenkstangen G_1 und G_2 in den festen Punkten T_1 und T_2 aufgelagert bzw. aufgehängt ist und mittels des Kniehebels J in der Weise bewegt werden kann, daß die Druckkammer B in der einen Endstellung fest gegen die Eingußöffnung der vorderen Formplatte V angedrückt wird (Fig. 4), in der anderen Endstellung dagegen mit dem Spritzmundstück unter den Spiegel des Metallbades C untertaucht. Die Druckluft wird der Druckkammer B zugeleitet durch die mit dem Gelenkstück G_3 versehene Leitung R. In dieser Leitung befindet sich das als Dreiwegeorgan ausgebildete **Druckluftsteuerorgan** D, durch welches das Druckkammerinnere B entweder mit der Druckluftquelle verbunden, oder von ihr abgesperrt und mit der Außenluft verbunden werden kann. Der die vordere Formplatte V tragende Rahmen N' ist starr mit dem Maschinenrahmen verbunden. Die hintere Formhälfte H wird durch den auf vier Bolzen P geführten, mittels Handkreuz O, **Ritzel Z_1** und Zahnstange Z zu bewegenden Schlitten S getragen.

Zum Gießen wird die Form geschlossen, und durch das Hebelsystem L in Schlußstellung verriegelt. Auswerferstifte A und Verteilerkern K werden in die Gießstellung gebracht und der Kern K durch Ritzel Z_2 und Zahnstange Z_3 verriegelt[15]). Die Druckkammer wird fest gegen die Eingußöffnung der vorderen Formplatte an-

---

[13]) Ganz selten (bei einigen in neuerer Zeit aufgetauchten Typen) auch wieder durch innerhalb des Metallbades befindliche Ventile, die durch Verwendung besser geeigneter (wohl meistens keramischer) Materialien gegen das flüssige Aluminium widerstandsfähiger sein sollen.

[14]) Nach dem Doehler'schen Patent D R.P. 369 729.

[15]) Diese Art der Kernverriegelung ist natürlich kein besonderes Kennzeichen der Doehler'schen Maschine, sie ist nur eingezeichnet, um die Notwendigkeit der Verriegelung als solcher schematisch darzustellen. Ebenso haben auch alle sonstigen in Fig. 4 u. 5 dargestellten Details der eigentlichen Form nur symbolische Bedeutung. Mit dem Doehler'schen Patent haben sie nichts zu tun. Die hintere Formhälfte mußte zur Verdeutlichung der schematisch dargestellten Einzelheiten unverhältnismäßig lang gezeichnet werden; sie entspricht in den Proportionen nicht den wirklichen Ausführungen.

gedrückt und durch Betätigung des Steuerorgans D unter Druck gesetzt. Nach beendigter Formausfüllung wird die Druckluft abgesperrt und die Druckkammer entspannt. Hierauf kann die Druckkammer von der Einguböffnung abgezogen und wieder unter das Metallbad C untergetaucht werden, während in der schon bekannten Weise die Form geöffnet und das Gußstück freigemacht und ausgestoßen wird.

Die vielen, sonst noch konstruierten Druckluftgießmaschinen, bei denen die Nachfüllung der Druckkammer durch das Mundstück hindurch erfolgt, weichen zwar in der Gesamtanordnung und in vielen konstruktiven Einzelheiten von der hier dargestellten Type teilweise recht erheblich ab, im Prinzip stimmen sie jedoch alle mit ihr überein.

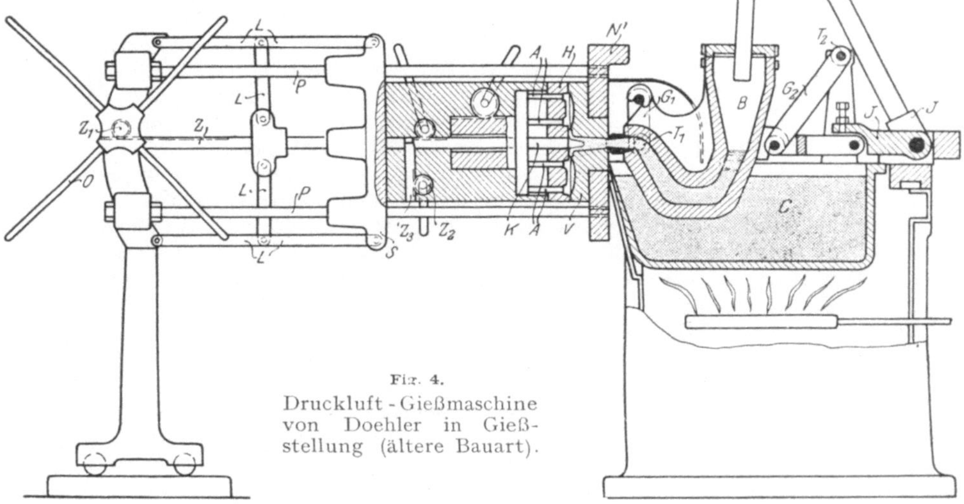

Fig. 4.
Druckluft-Gießmaschine von Doehler in Gießstellung (ältere Bauart).

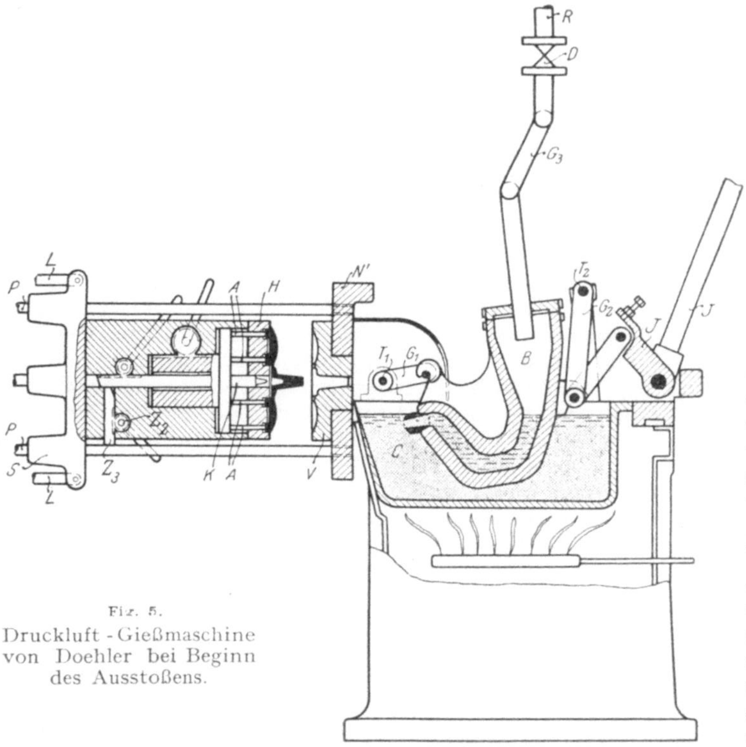

Fig. 5.
Druckluft-Gießmaschine von Doehler bei Beginn des Ausstoßens.

Die Druckluftgießmaschinen beherrschen heute nahezu das gesamte Feld des Aluminiumspritzgusses. Das Mißtrauen, das man ihnen ursprünglich entgegengebracht hatte, ist durch ihre nun schon langjährige Bewährung in der Praxis als unbegründet erwiesen. In konstruktiver Beziehung sind sie heute so weit durchgebildet, daß sie an Ausbringung und Betriebssicherheit den besten Spritzgußmaschinen für niedrigschmelzende Legierungen in jeder Weise gleichstehen. Freilich erfordert ihre Bedienung im Vergleich zu den ersteren im allgemeinen höhere Kosten.

Nur erwähnt sei hier, daß neuerdings Aluminiumspritzgußmaschinen in Anwendung gebracht werden, bei denen ein Kolben als — indirekt wirkendes — Treibmittel dient.

Die betreffenden Maschinen, auf die im Kapitel über „Gießmaschinen" näher eingegangen werden wird, arbeiten in der Weise, daß die aus zwei kommunizierenden Schenkeln bestehende Druckkammer in ihrem unteren, U-förmigen Teil flüssiges Blei enthält, während der eine, in das Spritzmundstück ausmündende Schenkel in seinem oberen Teile oberhalb des Bleies das flüssige Aluminium, der andere im oberen Teile den Kolben enthält. Der Kolben kommt also nur mit dem flüssigen Blei, nicht aber mit dem Aluminium in Berührung, und der Kolbendruck wird durch Blei hindurch auf das Aluminium übertragen. Der leitende Gedanke beim Entwurf dieser Maschine bestand wohl darin, die bei der Verwendung von Druckluft im allgemeinen vermuteten, schon früher erwähnten Bedenken betreffend die Oxydation des Metalles und seine Durchsetzung mit Luftblasen zu umgehen, und eine größere Regulierbarkeit des Einströmvorganges zu gewinnen, als sie bei den mit Druckluft arbeitenden Maschinen möglich ist. Wenn auch die Bedenken bezüglich der Verschlechterung des Metalles durch Druckluftgießmaschinen unbegründet sind, so verdient doch der Gesichtspunkt der genaueren Beherrschung des Einströmvorganges ernsthafte Beachtung. In den nachfolgenden Kapiteln wird ausgeführt werden, von welcher Wichtigkeit eine vollständige Beherrschung der Strömungsgeschwindigkeit und damit des Druckverlaufes für den Spritzvorgang ist. Daher verdient die Konstruktion einer Kolbenspritzpumpe mit Vorlage von flüssigem Blei immerhin ernsthafte Beachtung. Im praktischen Betrieb sind allerdings Maschinen nach diesem Prinzip zur Zeit noch wenig verbreitet, so daß man gegenwärtig noch kein Urteil darüber gewinnen kann, ob sie nur einen interessanten Versuch oder ob sie die Ansätze zu einer neuen und weitergreifenden Umgestaltung der Aluminiumspritzgußmaschinen von grundsätzlicher Natur darstellen.

β) Gießformen.

Mit der Schaffung brauchbarer Gießmaschinen waren jedoch die Aufgaben, die der Aluminiumspritzguß stellte, erst zur Hälfte gelöst. Die zweite ebenso wichtige Aufgabe war die Schaffung geeigneter Gießformen. Ihre Lösung lag teils auf dem Gebiete der Konstruktion, teils auf dem der Materialkunde. Die hohe Gießtemperatur und die Notwendigkeit stärkster Formkühlung bei größeren Gußstücken unterwirft das Formmaterial einer thermischen Wechselbeanspruchung, die weit über die Beanspruchung beim Zinkspritzguß hinausgeht. Die hohe Korrosionsfähigkeit des flüssigen Aluminiums begünstigt das „Anlöten" der Gußstücke an die Form. Die beim ersten Aufkommen des Aluminiumspritzgusses als Formmaterial verwandten Stahlsorten waren der thermischen und chemischen Beanspruchung nicht gewachsen, so daß die Formen vorzeitig zerstört wurden, was die Lebensfähigkeit des ganzen Verfahrens in Frage stellte. Erst als es gelang, legierte Sonderstähle aufzufinden, die diesen Beanspruchungen gewachsen waren, war die Durchführbarkeit des Aluminiumspritzgußverfahrens auch wirtschaftlich sichergestellt. Bei den heute zur Verfügung stehenden Formmaterialien erreichen die Formen für Aluminiumspritzguß eine Lebensdauer (auf die Ausbringung in Stücken bezogen), die zu ihrer Amortisierung durchaus hinreicht.

Auch die Konstruktion der Formen mußte eine gründliche Wandlung erfahren. Infolge der hohen Schwindung und der großen Festigkeit schrumpfen Aluminiumspritzgußstücke mit viel größerer Kraft auf alle Kerne sowie auf alle aus- und einspringenden Formteile auf als Zink- oder Zinnspritzguß. Dabei treten bei manchen Aluminiumlegierungen infolge der Neigung zur Warmrissigkeit[16]) leicht Schwindungsrisse auf. Die Formen müssen daher so konstruiert sein, daß die Gußstücke unmittelbar nach dem Guß von allen die Schwindung hindernden Formteilen freigemacht werden können. Hierzu ist in den meisten Fällen eine andere Art der Formtrennung und insbesondere eine größere Zahl von in den Formhälften verschiebbaren Teilen erforderlich als bei der gleichen Form für Zinkspritzguß. Dies bedingte ein weitgehendes Umlernen der Formkonstrukteure.

4. Der heutige Stand des Aluminiumspritzgusses.

Heute sind alle mit dem Aluminiumspritzguß zusammenhängenden Aufgaben in so weitgehendem Maße gelöst, daß das Verfahren zu voller Fabrikationsreife gediehen ist. Die schon vorher erwähnten Eigenschaften der Aluminiumlegierungen, ihr geringes spezifisches Gewicht, ihre beträchtliche Festigkeit[17]) und Zähigkeit, ihre verhältnismäßig geringe chemische Angreifbarkeit, ihre hohe elektrische Leitfähigkeit und ihre Gefügebeständigkeit haben dem Spritzguß zahlreiche neue Anwendungsgebiete verschafft. Insbesondere verwenden der Kraftfahrzeugbau, der Apparatebau, die Fabrikation hauswirtschaftlicher Maschinen und Geräte sowie die Fabrikation von Maschinen für die Nahrungsmittelindustrie heute für stärker beanspruchte Konstruktionsteile Aluminiumspritzguß in weitgehendem Umfange. Bezüglich der beiden letztgenannten Anwendungsgebiete ist daran zu erinnern, daß die Aluminiumspritzlegierungen mit organischen Säuren keine giftigen Salze bilden, so daß sie ohne Bedenken in Berührung mit Nahrungsmitteln verwandt werden können. Bezüglich der Stückgröße und des Stückgewichts sind auch bei dem Aluminiumspritzguß die Grenzen außerordentlich weit. (Vgl. die Angaben auf Seite 3.) Dabei ist daran zu erinnern, daß infolge des geringeren spezifischen Gewichtes ein Aluminiumteil ein etwa 2,5 mal größeres Volumen hat als ein Zinkgußstück von gleichem Gewicht.

Die erreichbare Genauigkeit ist nicht so groß wie bei den niedrigschmelzenden Legierungen. Bei Stücken mittlerer Größe kann man im allgemeinen eine Toleranz von ± 0,05 : ± 0,08 mm innehalten. Außengewinde und Bohrungen können mitgegossen werden, Innengewinde nur in Sonderfällen mit ziemlich kostspieligen Spezialvorrichtungen. Ferner können in Aluminiumspritzgußstücke, ebenso wie auch in Zink- und Zinnspritzgußstücke Einlageteile aus Stahl oder anderen Materialien mit eingegossen werden.

Der Preis eines Aluminiumspritzgußstückes stellt sich im allgemeinen höher als der eines Zinkspritzgußstückes von der gleichen Gestalt. Daher ist nicht zu erwarten, daß der Aluminiumspritzguß den Zinkspritzguß verdrängen wird; man wird den letzteren vielmehr überall da beibehalten, wo er den Anforderungen des jeweiligen Verwendungszweckes genügt.

Das Aluminiumspritzgußverfahren ist vorwiegend in Amerika entwickelt und von dort nach Europa übertragen worden. Die Maschinen, sowie die ganze Art des Verfahrens tragen daher stark das Gepräge des Zuschnittes für amerikanische Verhältnisse: hohe Einrichtungskosten, Rentabilität erst bei sehr großen Stückzahlen. Da in Europa mit seinen relativ kleinen Wirtschaftsgebieten und der geringen Entwicklung der Typisierung Aufträge in unbegrenzten Stückzahlen fast nie oder überaus selten vorkommen, sind die amerikanischen Spritzgußeinrichtungen für die europäischen Verhältnisse nicht ohne weiteres ökonomisch brauchbar. Daher besteht die nächste Aufgabe unserer Spritzgußindustrie darin, die Vorrichtungen für den Aluminiumspritzguß so weit umzuändern, daß sie auch unter den in Europa normalerweise gegebenen Verhältnissen, d. h. bei Stückzahlen zwischen 5000—10 000 Stück und bei Stücken von mäßiger Größe, mit Vorteil arbeiten können.

Diese Aufgabe ist von der deutschen Spritzgußindustrie schon kräftig in Angriff genommen und teilweise auch schon mit sehr befriedigendem Erfolg gelöst worden.

d) Der Messingspritzguß.

Es wurden schon öfter Versuche gemacht, das Spritzgußverfahren auch auf Kupferlegierungen, insbesondere auf Messing auszudehnen. Die früheren Versuche in dieser Richtung scheiterten aber an der zu geringen Lebensdauer der Gießformen. Die Gießformen, insbesondere alle ihre verschiebbaren Teile, sind bei Messingspritzguß in doppelter Beziehung einer erhöhten Beanspruchung ausgesetzt. Erstens ist die thermische Beanspruchung infolge der erhöhten Gießtemperatur wesentlich größer als beim Aluminiumspritzguß, zweitens ist die mechanische Beanspruchung aller Formteile infolge der viel größeren Schrumpfkraft, mit der das Messing auf sie aufschrumpft, weit größer. In früherer Zeit wurden deshalb alle Versuche zum Verspritzen von Messing wieder aufgegeben, da man es für unmöglich hielt, dafür Formen von hinreichender Lebensdauer zu schaffen. In neuester Zeit sind diese Versuche jedoch in einer Erfolg versprechenden Weise wieder aufgenommen worden. In den letzten Jahren ist eine Gießmaschine[18]) konstruiert worden, die es gestattet, unmittelbar nach dem Schuß, solange das Messing noch bildsam ist, bei geschlossener Form das Gußstück von allen Kernen, auf die es aufschrumpfen könnte, freizumachen. Dadurch ist es gelungen, die mechanische Beanspruchung des Formmaterials wesentlich herabzusetzen. Auch die Fragen der Widerstandsfähigkeit des Formmaterials gegen die hohe thermische Wechselbeanspruchung brauchen heute nicht mehr mit derselben Hoffnungslosigkeit betrachtet zu werden, wie in früheren Jahren. Der große Fortschritt, der in der Herstellung hochlegierter Sonderstähle für hohe Wärmebeanspruchung erzielt wurde, hat es ermöglicht, daß Rohstoffe zur Herstellung der Formen vorhanden sind, die in bestimmten

---

[16]) Bezügl. Warmrissigkeit der Al.-Leg. vgl. Fußnote 11.
[17]) Die Zugfestigkeit der meisten Aluminiumspritzlegierungen liegt zwischen 14 und 20 kg/mm².

[18]) Nach dem System von Josef Polak, Prag-Smichow.

Fällen schon heute ein wirtschaftliches Arbeiten des Messingspritzgusses ermöglichen. Das Messingspritzverfahren nach den Patenten von Polak wird heute in geringem Umfange bereits fabrikatorisch ausgeübt; an verschiedenen Stellen werden eben jetzt die Versuche zu seiner Einführung vorgenommen. Bei weiteren Fortschritten in der Herstellung von geeigneten Formmaterialien ist zu erwarten, daß in naher Zukunft auch der Messingspritzguß beträchtliche Anwendungsgebiete finden wird.

II. DER EINSTRÖMVORGANG.

A. Die Eigenart des Einströmvorganges beim Spritzguß.

a) Vorbedingungen für die Erzielung vollkommener Gußstücke.

1. Allgemeine Fassung dieser Vorbedingungen.

Der Verlauf des Einströmvorgangs ist entscheidend für die Erzielung guter Resultate. Um ein vollkommenes, der Formaussparung genau entsprechendes, dichtes Gußstück zu erzielen, muß der Einströmvorgang so vonstatten gehen, daß das Metall zur scharfen und genauen Formausfüllung gezwungen wird, daß die Luft aus der Form vollständig verdrängt wird, ohne sich im Metall zu versetzen, und daß die Entstehung von Schwindungshohlräumen während der Erstarrung verhindert wird.

Es ist also erforderlich, darüber Klarheit zu schaffen, in welcher Weise der Einströmvorgang zur Erfüllung dieser Forderungen verlaufen muß, da hiervon sowohl die Gestaltung der Gießmaschinen (in bezug auf den Druckverlauf, die Druckerzeugungs- und Druckübertragungsmittel) als auch die Gestaltung der Formen (insbesondere in bezug auf Lage des Eingusses, Strahlführung und Entlüftung) abhängig ist.

Die Widerstände, die sich der scharfen Formausfüllung entgegensetzen, stammen her von den Oberflächenkräften und — indirekt — von der Zähigkeit (oder besser: Dickflüssigkeit)[19] des Gießmetalles. Die Oberflächenkräfte bestehen zunächst aus der kapillaren Oberflächenspannung, die am Gießmetall ebenso auftritt, wie an jeder anderen Flüssigkeit, deren Kohäsion größer ist als ihre Adhäsion an der Gefäßwand. Wenn sich das Metall beim Auffüllen der Form so abkühlt, daß sich an der Oberfläche bereits ein festes Häutchen bildet, so tritt neben bzw. an Stelle der kapillaren Oberflächenspannung die mechanische Festigkeit dieses Häutchens, das zerstört oder umgeformt werden muß, damit das Metall zur genauen Formausfüllung befähigt wird. Beide Arten von Oberflächenkräften sind, wie sich leicht zeigen läßt, um so größer, je schärfer die Ecken und Kanten der Formaussparung sind. Bei der Ausfüllung stählerner Formen tritt infolge ihres hohen Wärmeleitvermögens die Bedeutung der Festigkeit der Außenhäutchen gegenüber den Kapillarkräften in den Vordergrund.

Weit bedeutungsvoller als diese Oberflächenkräfte ist die Zähigkeit (oder richtiger: Dickflüssigkeit)[19] infolge ihres Einflusses auf die Strömungsgeschwindigkeit des Metalles in der Form. Da das Metall die Form nur dann vollständig ausfüllen kann, wenn es nicht schon während der Auffüllung vorzeitig erstarrt, und anderseits die Wärmeabgabe des Metalles beim Durchlaufen der Form wesentlich von der Zeitdauer und somit von der Strömungsgeschwindigkeit abhängt, ist die große Bedeutung der Dünnflüssigkeit für die Erzielung vollkommener Gußstücke ohne weiteres verständlich.

Die Zähigkeit (oder Dickflüssigkeit) eines Metalles ist an und für sich eine Materialkonstante, die sehr stark von der Temperatur abhängt. Insbesondere innerhalb des Erstarrungsintervalles nimmt sie mit abnehmender Temperatur sehr stark zu.

Die Widerstände durch die Dickflüssigkeit und die Oberflächenkräfte hängen somit in erster Linie ab von der Abkühlung, die das Metall beim Durchströmen der Form erfährt. Die Abkühlung ist um so größer, je höher das Wärmeleitvermögen des Formmaterials ist, je komplizierter und dünnwandiger das herzustellende Gußstück ist (infolge der größeren Berührungsfläche zwischen Metall und Formwand) und je langsamer das Metall die Form durchströmt.

Zur Überwindung dieser Widerstände in der (mit Rücksicht auf die Erstarrung des Metalles) zur Verfügung stehenden Zeit muß das Metall unter einem gewissen Druck gegen die Formwand gepreßt werden, der im folgenden als Fülldruck bezeichnet werden soll. Wenn entweder infolge geringer Wärmeleitfähigkeit des Formmaterials oder infolge sehr hoher Metallgeschwindigkeit das Gußmetall nur so wenig abgekühlt wird, daß es noch vollkommen dünnflüssig an die entsprechenden Stellen der Form gelangt, braucht dieser Fülldruck auch bei sehr komplizierten Gußstücken nur gering zu sein. Wird dagegen das Gußmaterial während des Durchströmens der Form bereits dickflüssig, so kann der benötigte Fülldruck so hoch werden, daß er mit den beim Spritzguß zur Verfügung stehenden Mitteln nicht mehr erzielbar ist, so daß ein unvollkommenes Gußstück entsteht.

Zur Erzielung vollkommener Gußstücke gehört auch die möglichst weitgehende Vermeidung von Schwindungslunkern. Die primäre Entstehungsursache dieser Schwindungslunker ist in der ungleichmäßigen Abkühlung des Gußstückes zu suchen. Wenn die Außenhaut des Gußstückes bereits erstarrt und abgekühlt, das Innere aber noch flüssig ist, vermag dieses manchmal bei seiner eigenen, nachfolgenden Erstarrung nicht mehr den ganzen Innenraum auszufüllen, so daß ein Lunker im Innern des Gußstückes entsteht.

Da jede rasche Abkühlung zugleich einen ungleichmäßigen Verlauf des Erstarrungsprozesses bedeutet, tritt die Neigung zur Lunkerbildung um so stärker in Erscheinung, je rascher ein Gußstück abgekühlt wird. Zur Vermeidung dieser Schwindungshohlräume muß dem Innern der Gußstückmassen noch Metall zugeführt werden, nachdem die Außenhaut erstarrt ist. Wenn dies nur durch schon breiig-teigig gewordene Gußstückmassen hindurch erfolgen kann, muß auf das Gußmetall in der Form ein hoher Druck einwirken, der im folgenden als Verdichtungsdruck bezeichnet werden soll. (Vergl. Fig. 6).

Um endlich die vollständige Verdrängung der Luft durch das Metall während der Einströmung zu gewährleisten, muß die Form Entlüftungskanäle enthalten, die jeweils an den Stellen liegen, nach denen hin das Metall die Luft drängt, und in denen sie sich versetzen könnte. Um diese Entlüftungskanäle richtig anlegen zu können, muß man die Einströmung so leiten, daß

---

[19] Die physikalische Definition des Begriffes „Zähigkeit" oder „Viskosität" gilt nur für völlig homogene Flüssigkeiten, während sie bei breiigen Gemengen (z. B. Legierungen innerhalb des Erstarrungsintervalls) wegen der verschiedenen Unstetigkeiten ihren strengen Sinn verliert. Dagegen könnte auch in solchen Fällen der Begriff „Dickflüssigkeit" als Widerstand gegen einen ganz bestimmten Bewegungsvorgang (z. B. Ausfluß durch ein bestimmtes Ausflußrohr) technisch gut definiert werden. Da die Gießmetalle während der Formausfüllung vielfach als breiige Gemenge anzusehen sind, soll im folgenden unter „Zähigkeit" immer „Dickflüssigkeit" im eben definierten Sinne verstanden werden.

klar zu erkennen ist, in welcher Weise das Metall die Formhohlräume auffüllen wird.

2. Die Erfüllung dieser Vorbedingungen beim Sandguß.

Beim Sandguß gestaltet sich die Erfüllung aller dieser Forderungen verhältnismäßig einfach. Vor allem ist das Wärmeleitvermögen der Sandformen so gering, daß auch bei verhältnismäßig langsamer Einströmung das Metall beim Durchströmen der Formen nur eine sehr geringe Abkühlung erfährt. Ferner sind die Ansprüche an Scharfkantigkeit und Genauigkeit der Gußstücke beim Sandguß verhältnismäßig gering; auch werden nicht entfernt so geringe Wandstärken gefordert, wie dies oft beim Spritzguß der Fall ist. Daher wird auch bei langsamer Einströmung des Gußmetalles nur ein sehr geringer Fülldruck gefordert. Auch der Verdichtungsdruck braucht nur gering zu sein. Denn einmal ist infolge der langsamen Abkühlung die Neigung zur Bildung von Schwindungslunkern von vornherein nicht sehr groß; die Gefahr der Lunkerbildung liegt nur vor bei Gußstücken von besonders ungünstigen Wandstärken. Dann ist es aber meistens möglich, in der Form in unmittelbarer Nähe der am meisten gefährdeten Teile Vorratsbehälter flüssigen Metalles anzulegen (verlorene Köpfe usw.), die so groß und durch so starke Zuleitungsquerschnitte mit dem Gußstückinnern an den betreffenden Stellen verbunden sind, daß das Metall in ihnen, während das Gußstück im übrigen schon erstarrt, noch dünnflüssig bleibt und leicht in das Gußstückinnere nachfließen kann.

Somit bedarf es beim Sandguß trotz geringer Einströmungsgeschwindigkeit nur eines geringen Füll- und Verdichtungsdruckes, zu dessen Erzeugung der hydrostatische Druck von Säulen flüssigen Metalles von geringer Höhe (Eingüsse, verlorene Köpfe usw.) hinreicht.

Auch die Luftabführung gestaltet sich beim Sandguß verhältnismäßig einfach, da das Metall infolge seiner geringen Geschwindigkeit im wesentlichen der Schwere folgt und die Form von unten nach oben hin ausfüllt, womit der Luft ihre Abzugsrichtung und den Entlüftungskanälen ihre Lage vorgeschrieben ist.

3. Die Erfüllung der Vorbedingungen beim Spritzguß.

Grundsätzlich anders liegen die Verhältnisse beim Spritzguß. Die kennzeichnende Eigenschaft des Spritzgusses, die Erzeugung äußerst genauer austauschbarer Gußstücke in großer Auflage erfordert die Verwendung stählerner Dauerformen. Das Wärmeableitungsvermögen dieser Formen ist ein ganz unverhältnismäßig höheres als das der Sandformen (obwohl die Formtemperatur beim Spritzguß im allgemeinen wesentlich höher liegt als beim Sandguß), so daß die Formauffüllung in wesentlich kürzerer Zeit beendet sein muß.

Zugleich wird von Spritzgußstücken vollkommene Scharfkantigkeit, überhaupt völlig genaue Ausfüllung aller noch so feinen Formaussparungen bei häufig sehr geringer Wandstärke gefordert.

Hiermit ist die Aufgabe gestellt, das Metall zur vollkommenen Ausfüllung von Hohlräumen zu zwingen, die infolge ihrer Scharfkantigkeit, Dünnwandigkeit, Kompliziertheit und des hohen Wärmeleitvermögens des Formmaterials ihrer Ausfüllung einen besonders hohen Widerstand entgegensetzen.

Nach dem früher über den Fülldruck Gesagten ist diese Aufgabe nur dadurch lösbar, daß das Metall mit so hoher Geschwindigkeit in die Form hineinströmt, daß trotz ihrer hohen spezifischen Wärmeleitfähigkeit jeder Teil des Gießmetalles noch hinreichend dünnflüssig an seinem Bestimmungsorte in der Form anlangt. Genügt die Einströmgeschwindigkeit dieser Forderung, so kann in allen praktisch vorkommenden Fällen der erforderliche Fülldruck aus dem dynamischen Strömungsdruck des Gießmetalles bestritten werden.

Die Neigung zum Entstehen von Schwindungslunkern ist beim Spritzguß infolge der rascheren Abkühlung wesentlich größer als beim Sandguß. Dabei hat man aber in den meisten Fällen nicht die Möglichkeit, in der Nähe der gefährdeten Teile Metallbehälter nach Art der verlorenen Köpfe anzulegen; das Nachverdichten des Metalles muß vielmehr im allgemeinen durch die ganze Gußstückmasse hindurch erfolgen. Hat das Gußstück stark wechselnde Querschnitte (siehe Fig. 6), so muß zur Verdichtung des dickwandigen Teiles B das Metall durch den dünnwandigeren, schon weitergehend abgekühlten Teil C hindurch nachgedrückt werden.

In der Fig. 6 bezeichnen die Pfeile den Weg, auf dem das Metall nachfließen muß, um den in B entstehenden Lunker L aufzufüllen. Hierbei ist zur Überwindung des hohen Fließwiderstandes der breiigen Massen ein sehr beträchtlicher Verdichtungsdruck erforderlich. In Fig. 6 ist angenommen, daß der hydrodynamische Druck p_h während der Einströmung als Verdichtungsdruck wirkt (siehe S. 15).

Der Arbeitsvorgang beim Spritzguß ist also gekennzeichnet durch die Notwendigkeit einer hohen Einströmgeschwindigkeit und eines hohen auf das Metall in der Form einwirkenden Druckes. Natürlich liegen beide Größen je nach der Art des Gießmetalles, des Gußstückes und der Verfahrensart innerhalb weiter Grenzen. Nur zur Kennzeichnung ihrer Größenordnung sei angegeben, daß im allgemeinen die Einströmgeschwindigkeit zwischen 10 und 45 m/sec, der auf das Metall einwirkende Druck zwischen 5 und 35 kg/qcm liegt.

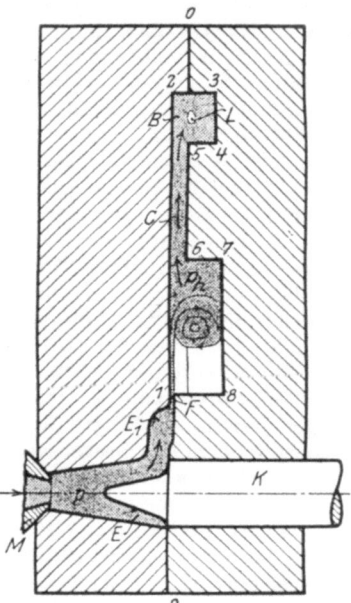

Fig. 6. Nachfüllung eines entstehenden Schwindungshohlraumes (L) durch den Verdichtungsdruck (p_h).

Freilich werden diese Grenzwerte (insbesondere der letztere) in Sonderfällen oft weit überschritten.

Ferner sei zur Veranschaulichung des Verfahrens angegeben, daß bei Gußstücken mittlerer Größe (bis 300 ccm Volumen) die Zeitdauer der Formausfüllung im allgemeinen zwischen einigen Hundertstel und einigen Zehntel Sekunden liegt. Dabei sei daran erinnert, daß bei gleichem Volumen je nach der Art des Gußstückes und des Gießmetalles und je nach den Möglichkeiten der örtlichen Lage und der Abmessungen des Einströmquerschnittes (Anschnittes)[20]) die Einströmdauer sehr verschieden sein kann.

b) Der Zusammenhang der Vorbedingungen mit der Spritzgußapparatur.

1. Die Notwendigkeit eines besonderen Druckmittels.

Aus der Größenordnung der vorstehend angegebenen Zahlen folgt, daß sich solche Geschwindigkeiten und

---

[20]) Genaue Erklärung der Begriffe Einströmquerschnitt und Anschnitt siehe S. 23.

Drücke, wie sie beim Spritzgußverfahren benötigt werden, nur dadurch erreichen lassen, daß das Metall durch ein besonderes Druckmittel (Kolben oder Druckluft) in die Form hineingespritzt wird. Dieses Druckmittel wirkt in der Druckkammer während der ganzen Dauer der Einströmung und nach ihrer Beendigung bis zur Erstarrung des Eingusses auf das Metall ein. Der Druck, der während der Dauer der Formausfüllung wirkt, soll im folgenden als **Gießdruck**, der Druck, der nach Beendigung der Formausfüllung bis zur Erstarrung des Eingusses einwirkt, soll als **Nachdruck** bezeichnet werden.

Der scheinbar einheitliche Arbeitsvorgang der Druckeinwirkung auf das Gußmetall erfüllt somit in Wirklichkeit zwei verschiedene Funktionen: Erstens teilt er dem Metall bei seinem Eintritt in die Form die zur scharfen Formausfüllung erforderliche **Einströmgeschwindigkeit**[21] mit, zweitens übermittelt er dem Metall in der Form den zur Anpressung und Verdichtung benötigten **Druck**. Diese beiden Funktionen brauchen (wie im folgenden ausgeführt wird) zeitlich durchaus nicht mit der durch die Begriffe Gießdruck und Nachdruck gegebenen Unterteilung zusammenzufallen.

Sie müssen scharf auseinandergehalten werden, weil nur auf diese Art Hinweise auf die wünschenswerte Gestaltung des Druckverlaufes und somit Unterlagen für die Konstruktion oder für die kritische Beurteilung einer Gießmaschine gewonnen werden können.

2. Die Einströmgeschwindigkeit und der Gießdruck.

Die Einströmgeschwindigkeit w hängt mit dem Gießdruck p zusammen durch die Gleichung[22]

$$w = \sqrt{2g \frac{p}{\gamma}},$$

worin w die Einströmgeschwindigkeit in m/sec
p den Gießdruck (Überdruck) in kg/m²
γ das spez. Gewicht des flüss. Metalles in kg/m³
g die Erdbeschleunigung in m/sec²
bedeuten.

Die unterste Grenze der Einströmgeschwindigkeit — und damit die Untergrenze für den Gießdruck — ist in jedem Falle bestimmt durch die schon oben genannte Forderung, daß jedes Metallteilchen noch hinreichend dünnflüssig an den ihm innerhalb des Formhohlraumes zukommenden Platz gelangen muß. Diese Grenze liegt, wie schon mehrfach erwähnt, je nach Art des Gießmetalles und des Gußstückes sehr verschieden; außerdem liegen Gießdruck und Einströmgeschwindigkeit, wie gleich weiter ausgeführt werden soll, vielfach weit über dieser Grenze.

3. Der Flüssigkeitsdruck des Gießmetalles in der Form.

Der Flüssigkeitsdruck wird dem Metall in der Form auf zwei grundsätzlich verschiedene Arten mitgeteilt: Erstens während der Dauer der Einströmung durch den hydrodynamischen Druck (Strömungsdruck p_h) (siehe Fig. 6), zweitens nach beendigter Formausfüllung durch den Nachdruck p_s, der als statischer Druck durch Mundstück, Einguß und Anschnitt hindurch auf die Gußstückmassen einwirkt.

Denn wie im folgenden Abschnitt näher ausgeführt werden wird, setzt sich bei jedem Strömungsvorgang in der Form überall da, wo der Metallstrahl gestaut oder scharf umgelenkt wird, ein Teil seiner Strömungsenergie in Druckenergie um. Der hierdurch erzeugte hydrodynamische Druck wirkt auf alle bereits ruhenden, noch nicht erstarrten, mit dem gestauten Metall in Flüssigkeitsverbindung stehenden Metallmassen während der ganzen Dauer der Formauffüllung ein. Er kann, wenn der Gießdruck und damit die Einströmgeschwindigkeit hoch genug gewählt sind, während dieser Zeit als Füll- und Verdichtungsdruck fungieren.

Andererseits wirkt nach Beendigung der Formauffüllung der Nachdruck so lange auf alle noch flüssigen Gußstückmassen als hydrostatischer Druck ein, bis das Metall im Anschnitt so weit erstarrt ist, daß es keinen hydrostatischen Druck mehr übertragen kann.

Demnach treten bei jedem Spritzgußvorgang beide Arten von Druck nacheinander auf; dennoch kann man bei den meisten Gußstücken nur eine von beiden vorwiegend zur Geltung bringen. Wie später eingehend ausgeführt werden soll, muß mit Rücksicht auf die Luftabführung aus der Form bei allen denjenigen Gußstücken, die einen langen, schmalen, bandartigen Anschnitt bedingen, der Einströmquerschnitt um so schmaler sein, je größer die Einströmgeschwindigkeit ist. Soll also die Einströmgeschwindigkeit w so hoch sein, daß der hydrodynamische Druck hinreichend ist, um als Verdichtungsdruck zu dienen, so muß der Einströmquerschnitt so schmal sein, daß das Metall im Anschnitt fast unmittelbar nach beendigter Formausfüllung erstarrt, so daß der statische Nachdruck nur während eines sehr kurzen Zeitraumes zur Geltung kommt.

Soll umgekehrt der statische Nachdruck während einer längeren, zur Überwindung des Fließwiderstandes der breiig-teigigen Gußstückmassen hinreichenden Zeit zur Einwirkung kommen, so muß der Anschnitt so kräftig wie möglich und somit die Einströmgeschwindigkeit w so gering als möglich (mit Rücksicht auf die oben angegebene untere Grenze) gewählt werden. Dann ist der hydrodynamische Druck nur gering; er kann dann wohl als Fülldruck wirken, während die eigentliche Verdichtung durch den statischen Nachdruck bewirkt werden muß.

Nur bei bestimmten Gußstücken, in denen sich das Metall im wesentlichen in dreidimensionaler Strömung verteilt (siehe Seite 21), kann trotz hoher Einströmungsgeschwindigkeit dem Anschnitt ein klobiger (meist kreisrunder), die Abkühlung hintanhaltender Querschnitt gegeben werden, so daß trotz hohen Strömungsdruckes auch der statische Nachdruck kräftig zur Geltung gelangt. Näheres hierüber wird später ausgeführt.

4. Die verschiedene Gestaltung des Druckverlaufes bei den verschiedenen Verfahrensarten.

Schon aus diesen Andeutungen ergibt sich, daß das Spritzgußverfahren tatsächlich in sehr verschiedener Weise ausgeübt werden kann, je nachdem der Verdichtungsdruck aus der Einströmgeschwindigkeit oder aus dem statischen Nachdruck oder (bei den eben erwähnten Stücken mit vorwiegend dreidimensionalem Einströmungsverlauf) aus beiden bestritten werden soll. Es wird eine Aufgabe der beiden nachfolgenden Abschnitte sein, darzulegen, nach welchen Gesichtspunkten entsprechend der jeweils vorliegenden Gießaufgabe (der

---

[21] Unter Einströmgeschwindigkeit soll hier und im folgenden stets die Geschwindigkeit verstanden werden, mit der das Metall den in allen Formzeichnungen mit F bezeichneten Einströmquerschnitt (Anschnitt) verläßt. Diese Geschwindigkeit wird im Text überall mit w bezeichnet werden.

[22] Diese Gleichung gilt nur für **stationäre Strömung**. In Wirklichkeit hat man beim Spritzgußvorgang, bevor stationäre Strömung eintreten kann, stets eine Anlaufperiode, während deren die vorher ruhende Flüssigkeit auf den der obigen Gleichung entsprechenden Betrag beschleunigt wird. Jedoch ist diese Anlaufperiode bei den im Spritzguß praktisch gegebenen Verhältnissen stets so kurz, daß sie im allgemeinen schon beendet ist, bevor das Metall noch Spritzgußmundstück und Einguß (siehe Abb. 1 u. 2) durcheilt hat, so daß es in den Anschnitt bereits mit der der obigen Gleichung entsprechenden stationären Geschwindigkeit w eintritt.

Gestalt des Gußstückes und der besonderen Anforderungen an dasselbe) die Auswahl zwischen den verschiedenen Verfahrensarten getroffen wird. An dieser Stelle möge nur noch darauf hingewiesen werden, daß demnach auch die wünschenswerte Gestaltung des Druckverlaufes in der Gießmaschine bei verschiedenen Gußstücken sehr verschieden sein kann. Aus der späteren, genaueren Untersuchung wird es sich ergeben, welche Ansprüche hieraus an die Konstruktion der Gießmaschine, insbesondere an den Mechanismus der Druckeinleitung, gestellt werden müssen, damit sie es gestattet, den Druckverlauf entsprechend den jeweiligen Erfordernissen zu gestalten.

5. Die Notwendigkeit einer genauen Untersuchung der Strömungsvorgänge.

Ehe jedoch hierauf näher eingegangen werden kann, müssen zunächst die Strömungsvorgänge in der Form einer genaueren Untersuchung unterzogen werden. Insbesondere wird darzulegen sein, nach welchen Gesetzen sich das Metall in der Form verteilt und wie die Umwandlung der Geschwindigkeit in Druck[23]) erfolgt.

Diesen Untersuchungen werden nun zunächst, um die Betrachtungen nicht zu verwirren, als Gußstücke Körper von einfachster Gestalt zugrundegelegt werden: rechteckige Platten, kreisrunde Scheiben, Kreiszylinder und Prismen. Es sei schon an dieser Stelle bemerkt, daß der Geltungsbereich dieser Betrachtungen sich natürlich nicht auf solche Gußstücke beschränkt, sondern daß die dabei gewonnenen Ergebnisse sinngemäß auf alle Stücke anwendbar sind, die sich in ihren Hauptzügen der Gestalt einer dieser schematischen Grundtypen nähern.

6. Einströmung und Entlüftung.

Auch für die Luftabführung ist die Untersuchung dieser Strömungsvorgänge von größter Wichtigkeit. Denn, wie schon eingangs erwähnt, ist die vollständige Luftabführung nur dann gewährleistet, wenn die Entlüftungskanäle an den Stellen, nach denen hin das Metall die Luft tatsächlich hinaustreibt, so angelegt werden, daß sie erst nach vollständiger Auffüllung des Formhohlraumes durch das Metall völlig überflutet werden. Zur Erfüllung dieser Aufgabe muß vor allem Klarheit darüber bestehen, in welcher Art der Metallstrahl die Form durcheilt und in welcher Reihenfolge die einzelnen Formhohlräume aufgefüllt werden. Diese Feststellung gestaltet sich jedoch beim Spritzguß viel schwieriger als beim Sandguß, da die Geschwindigkeit des Metalles (auch wenn sie an der früher angegebenen unteren Grenze liegt) in jedem Falle so hoch ist, daß die Bewegungen des Metalles durch die Form nicht durch die Schwere, sondern im wesentlichen durch den Aufschlag und die Umlenkung an den Formwänden bestimmt werden. Das Metall durcheilt also die Form in oft sehr komplizierten Bahnen, deren Kenntnis zur richtigen Anlage der Entlüftungsschlitze erforderlich ist.

B. Die Strömungsvorgänge in der Form.

a) Allgemeines.

1. Ältere Anschauungen.

Im vorigen Kapitel war dargelegt, wie wichtig es ist, unter den Gesichtspunkten der Gießmaschinenkonstruktion, der Strahlführung und der Entlüftung der Formen sich über die Strömungsvorgänge in der Form ein klares Bild zu machen. Über diesen Punkt herrschen in der Spritzgußpraxis teilweise recht unklare Vorstellungen. Die oft beobachtete Tatsache, daß das Gußmetall bei manchen Stücken zunächst an den Formwänden entlangeilt und auf diese Art eine Außenhaut des Gußstücks erzeugt, bevor es beginnt, auch das Innere der Formhohlräume aufzufüllen, hat zu der Vorstellung geführt, daß sich der Metallstrahl unmittelbar nach seinem Eintritt in die Form auf irgendeine Art und Weise teilt und, anstatt in der ihm durch den An-

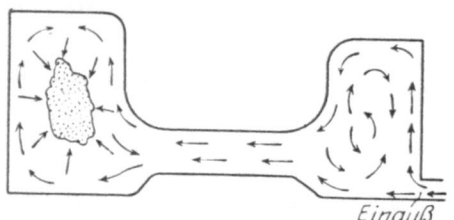

Fig. 7. Unzutreffende ältere Darstellung des Strömungsverlaufes.

schnitt vorgeschriebenen Richtung weiterzueilen, an den Wänden entlangläuft. Eine anschauliche Darstellung von der Art, in der man sich diese Strömungsvorgänge häufig vorstellt, liefert die Fig. 7, die dem Aufsatz „Design of Die-casting Dies" von Charles Pack in der „Machinery" (Nr. 9, Bd. 29, S. 715, Mai 1923) ent-

nommen ist. In dem betr. Aufsatz wird diese Art der Einströmung wie eine Selbstverständlichkeit angegeben. Es wird dort nicht näher erklärt, was den Metallstrahl veranlassen soll, beim Eintritt in die Form allen bekannten physikalischen Regeln zuwider seine Richtung zu ändern, ohne daß eine Kraft auf ihn einwirkt, die ihn dazu zwingt, und überdies auch noch Wirbelbewegungen von einer solchen Art zu vollführen, die aller hydrodynamischen Erklärungsversuche spottet.

2. Betrachtung vom hydrodynamischen Gesichtspunkte aus.

Im folgenden soll versucht werden, die Strömungsvorgänge in der Form in einer solchen Art zu verfolgen, die mit den heutigen Kenntnissen auf dem Gebiet der Strömungslehre übereinstimmt. Freilich wird es auch hierbei gelegentlich notwendig sein, zu Hypothesen zu greifen, da die Strömungsvorgänge, namentlich in einer komplizierteren Form, teilweise äußerst verwickelt sind, so daß zu ihrer exakten Verfolgung gegenwärtig weder unsere theoretischen Kenntnisse noch das zurzeit vorliegende Versuchsmaterial hinreichen. Indes soll versucht werden, so weit Voraussetzungen gemacht werden müssen, die nicht streng beweisbar sind, doch nur solche Hypothesen zu verwenden, die dem derzeitigen Stand der physikalischen Kenntnis zumindest nicht widersprechen und deren Folgerungen durch richtig gedeutete Werkstattserfahrungen bestätigt werden.

Bevor in die Besprechung der Strömungsvorgänge in der Form selbst eingetreten wird, sollen zunächst in kurzen Zügen die Grundlagen der allgemeinen Strömungslehre vorausgeschickt werden, auf die im folgenden Bezug genommen wird. Dabei sollen zunächst die Strömungsvorgänge bei reibungsfreien, idealen Flüssigkeiten im Zusammenhange betrachtet werden, während die Abwandlungen, die die Vorgänge bei der wirklichen Strömung unter dem Einfluß der Reibungs- und Wirbelverluste erfahren, später an Hand der tatsächlichen

---

[23]) Diese sehr übliche Ausdrucksweise ist physikalisch unkorrekt, da sich natürlich niemals Geschwindigkeit in Druck umwandeln kann, sondern nur Geschwindigkeitsenergie in Druckenergie.

Einströmung in die Form behandelt werden sollen. Im folgenden Abschnitte b) ist somit immer, soweit nicht ausdrücklich etwas anderes gesagt ist, ideale, verlustlose Strömung vorauszusetzen.

Bei diesen nachfolgenden Darlegungen ist ein teilweises Eindringen in theoretische, dem Werkstattsinteresse scheinbar ferner liegende Ausführungen über die Vorgänge bei der Ablenkung eines idealen Freistrahles nicht zu umgehen. Denn ohne Kenntnis dieser ist es nicht möglich, ein Verständnis für die wirkliche Strahlbewegung in der Gießform zu gewinnen. Dies letztere ist jedoch unbedingt erforderlich für die spätere Behandlung der in die Werkstattpraxis tief und unmittelbar hineingreifenden Fragen der Strahlführung, der Lage und Gestalt des Anschnittes und der Trennfuge usw.

Es sei hier ausdrücklich bemerkt, daß die nachstehenden, lediglich im Hinblick auf den praktischen Endzweck geschriebenen Ausführungen an keinem Punkte weiter, als dafür unbedingt notwendig, geführt worden sind, wie überhaupt diese ganze Arbeit aus der Behandlung von Werkstattsfragen hervorgegangen und (trotz des stellenweise scheinbar theoretischen Gewandes) für die Auswertung in der Werkstatt geschrieben ist.

b) Theoretische Grundlagen der Strahlbewegung bei idealer, verlustfreier Strömung.

1. Ausflußformel, Strahlgestalt und Strahlbewegung bei konstantem Flüssigkeitsdruck (stationäre Ausströmung).

Wird Flüssigkeit in einem Gefäß, dessen Ausströmquerschnitt F im Vergleich zum Gefäßquerschnitt klein ist, unter einem gleichförmigen Überdruck p gehalten, so strömt aus der Mündung ein Strahl mit der gleichförmigen Geschwindigkeit w aus, die mit dem Flüssigkeitsdruck p verbunden ist durch die schon oben erwähnte Gleichung

$$w = \sqrt{2g\frac{p}{\gamma}}.$$

Wird der Strahl im Hals des Druckbehälters vor der Austrittsöffnung ein Stück parallel geführt, so tritt der Strahl parallel aus. Das heißt, sämtliche Stromlinien verlaufen parallel in der durch den Parallelführungsteil des Halses gegebenen Richtung (siehe Fig. 8), und der Austrittsquerschnitt φ ist gleich dem Austrittsquerschnitt F. In dieser Richtung verharrt der Freistrahl so lange, bis er durch eine auf ihn einwirkende Kraft (sei es die Schwerkraft oder der Wanddruck einer vom Strahl beaufschlagten Fläche) zu einer Abweichung aus seiner Bewegungsrichtung gezwungen wird. Tatsächlich wirkt freilich die Schwerkraft auf jeden Freistrahl von seinem Austritt aus der Mündung an und erteilt ihm die bekannte parabolische Bewegung. Jedoch ist ihr Einfluß bei den hohen im Spritzguß in Betracht kommenden Strahlgeschwindigkeiten und den kurzen zu durchlaufenden Strecken so gering, daß in allen nachfolgenden Betrachtungen davon abgesehen und die Bewegung des Freistrahls als geradlinig angenommen werden soll.

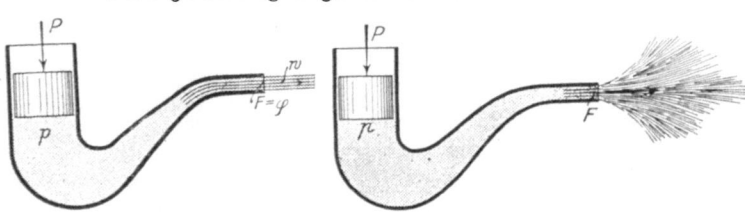

Fig. 8.
Flüssigkeitsdruck p ist konstant, Strahl ist gleichförmig und parallel.

Fig. 9.
Flüssigkeitsdruck p steigt zeitlich steil an, Strahl zerstiebt.

2. Strahlgestalt und Strahlbewegung bei veränderlichem Flüssigkeitsdruck.

Alles Vorstehende gilt nur, solange der Flüssigkeitsdruck p konstant ist. Verändert sich dieser Druck während der Ausströmung, so verändert sich auch das Aussehen des Strahles.

Gestalt des Strahles während einer Druckzunahme: Nimmt der Flüssigkeitsdruck p, und damit die Ausflußgeschwindigkeit w während der Ausströmung zu (siehe Fig. 9), so wird die Flüssigkeit im Gefäß beschleunigt. Während der ganzen Dauer dieser Druckzunahme hat jedes aus dem Mündungsquerschnitt austretende Flüssigkeitsteilchen eine höhere Geschwindigkeit als das vor ihm ausgetretene. Es versucht also, dieses zu beschleunigen, so daß ein Stoßvorgang stattfindet, der um so heftiger verläuft, je rascher und höher der Flüssigkeitsdruck p ansteigt. Dabei werden sowohl die gestoßenen als auch die stoßenden Flüssigkeitsteilchen verformt, so daß bei einem steilen zeitlichen Druckanstieg der Strahl, anstatt gradlinig weiterzueilen, unmittelbar an dem Ausströmquerschnitt nach allen Seiten auseinanderstiebt. In Fig. 9 ist versucht, hiervon ein anschauliches Bild zu geben. Es sei jedoch ausdrücklich bemerkt, daß diese Darstellung nur als eine schematische zu betrachten ist. Genaue Untersuchungen darüber, in welcher Weise das Zerstieben der Flüssigkeit während einer Strahlbeschleunigung stattfindet, sind zur Zeit noch nicht vorhanden. Es genügt jedoch für die späteren Ausführungen, sich nur darüber klar zu sein, daß überhaupt eine derartige Strahlverformung eintreten muß, sobald und solange der Flüssigkeitsdruck p zeitlich steil ansteigt.

Gestalt des Strahles während einer Druckabnahme: Verringert sich der Flüssigkeitsdruck p, so daß sich die Flüssigkeitsbewegung im Druckbehälter verlangsamt, so tritt kein derartiges Zerstieben des Strahles ein. Wenn sich die Druckabnahme je Zeiteinheit (und damit die Verzögerung) in mäßigen Grenzen hält, verringert der Strahl nur seinen Querschnitt, behält jedoch seine Richtung und seine Parallelität bei, solange die Kohäsion der Flüssigkeit hinreicht, um das Zerreißen in einzelne Tropfen zu verhindern. Der Strahl wird dann während der Verzögerungsperiode gewissermaßen in die Länge gezogen.

Übersteigt jedoch die Druckabnahme je Zeiteinheit einen bestimmten von der Natur der Flüssigkeit abhängigen Betrag, so hört die Kontinuität des Strahles auf, die Flüssigkeit strömt dann in einzelnen Tropfen aus dem Austrittsquerschnitt, von denen jeder nachfolgende zwar die gleiche Richtung, aber eine geringere Geschwindigkeit als der vorhergehende hat. Dieser Fall eines so starken zeitlichen Druckabfalls während der Ausströmung dürfte jedoch im Spritzguß praktisch kaum vorkommen.

3. Aufschlag eines stationären Freistrahls auf eine senkrechte Wand.

Trifft ein stationärer Freistrahl auf eine zu seiner Achse senkrechte glatte Wand (siehe Fig. 10—14, 22, 23), so sind bezüglich des weiteren Strömungsverlaufs zwei Perioden zu unterscheiden: 1. die Stoßperiode und 2. die Periode stationärer Abströmung.

Die Stoßperiode: Im ersten Augenblick, in dem die ersten aus dem Ausströmquerschnitt F ausgetretenen Flüssigkeitsteilchen auf die Wand W aufschlagen (siehe Fig. 10), erfährt der Strahl durch den Wanddruck eine plötzliche stoßartige Verzögerung. Während einer (natürlich nur sehr kurzen) Zeit verläuft die Strömung in der Nähe der Wand nicht stationär; die Stromlinien verändern von Augenblick zu Augenblick ihre Gestalt und ein Teil der Flüssigkeit spritzt von der Wand weg.

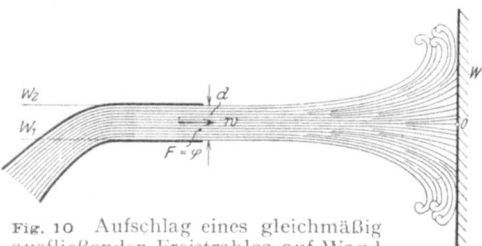

Fig. 10 Aufschlag eines gleichmäßig ausfließenden Freistrahles auf Wand während Stoßperiode.

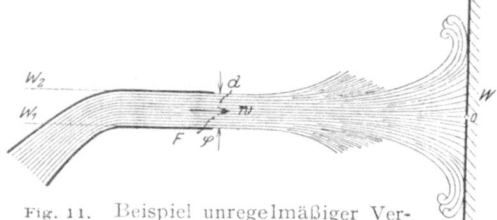

Fig. 11. Beispiel unregelmäßiger Verformung eines wirklichen Freistrahles (mit Reibung und Wirbeln) während Stoßperiode.

Wenn die Strömung innerhalb des Strahls vor dem Aufschlag vollkommen störungsfrei war (d. h. alle Flüssigkeitsteile genau die gleiche Geschwindigkeit hatten), so dürfte das Strömungsbild in einem be-

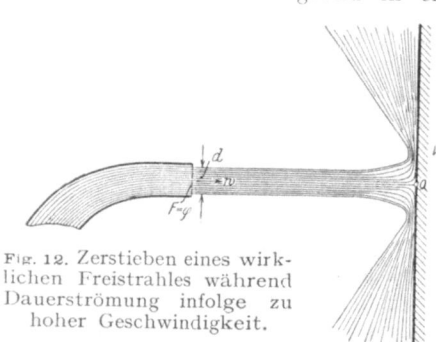

Fig. 12. Zerstieben eines wirklichen Freistrahles während Dauerströmung infolge zu hoher Geschwindigkeit.

stimmten Augenblick der Stoßperiode ganz roh dem in Fig. 10 dargestellten entsprechen. Freilich gilt auch für diese Abbildung das schon früher bei Fig. 9 Gesagte, daß sie den Vorgang nur qualitativ veranschaulichen, nicht quantitativ genau wiedergeben soll.

Enthält der Freistrahl vor dem Aufschlag auf die Wand irgendwelche Strömungsanomalien, wie sie bei der wirklichen (nicht idealen) Strömung praktisch in jedem Strahl vorhanden sind, so wird er im Moment des Aufschlags nicht nur an der Aufschlagstelle selbst, sondern auch an anderen Stellen in unberechenbarer Art verformt. Fig. 11 gibt ein derartiges Beispiel. Dabei ist angenommen, daß der Strahl dicht vor der eigentlichen Aufschlagstelle eine Aufbauchung erfährt und dabei nach allen Seiten besenartig auseinanderstiebt. Es versteht sich von selbst, daß bei der wirklichen Strömung solche Unregelmäßigkeiten während der Stoßperiode, wie sie in Fig. 11 gezeigt werden, in um so heftigerer und um so weniger berechenbarer Art auftreten, je größer die Strahlgeschwindigkeit ist.

Die Periode der stationären Abströmung längs der Wand. Die Stoßperiode währt praktisch nur eine äußerst kurze Zeit[24]; schon bald nach dem Aufschlag hat sich der Strahl so weit deformiert, daß sich in der Umgebung der Aufschlagstelle O die Stromlinien nicht weiter verändern und der weitere Strömungsverlauf dort in stationärer Weise erfolgt (siehe Fig. 13, 14, 17, 18, 22, 23). Dabei erreicht jedes Flüssigkeitsteilchen in hinreichender Entfernung e von der Aufschlagstelle o wieder eine Strömungsgeschwindigkeit, die praktisch fast genau gleich der Mündungsgeschwindigkeit w ist, und mit der es längs der Wand abströmt.

Bei der wirklichen Strömung kann das Strömungsbild beim Aufschlag eines Freistrahles auf eine Wand W außer durch die Reibungsverluste noch eine wesentliche Abänderung dadurch erfahren, daß bei Überschreitung einer bestimmten Grenzgeschwindigkeit während der ganzen Strömungsdauer ein teilweises Zerstieben des Strahles an der Aufschlagstelle stattfindet (siehe Fig. 12). Dabei wird ein Teil der Flüssigkeit in unberechenbarer Weise in Form von Spritzern und Klecksen nach allen Richtungen hin weggeschleudert.

---

[24] Streng genommen geht die Strömung erst nach einer unendlich langen Zeit in den stationären Zustand über. Praktisch kommt sie jedoch schon nach einer äußerst kurzen Zeit dem stationären Zustand so nahe, daß die weitere Veränderung des Strömungsbildes von da an ohne technisches Interesse ist.

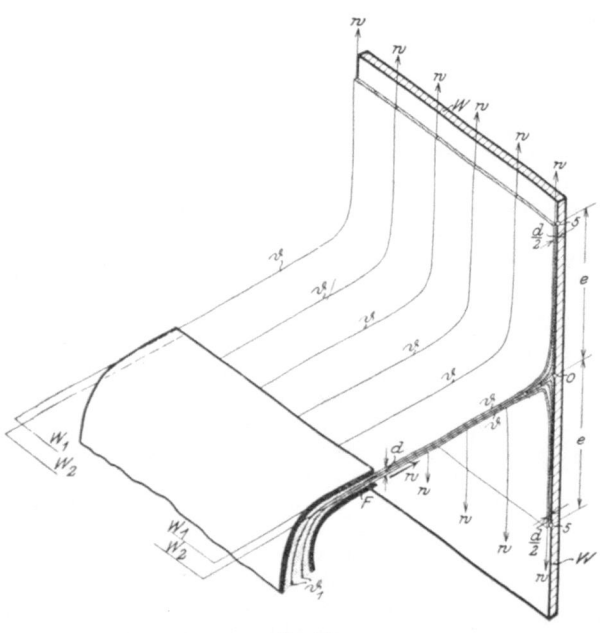

Fig. 13

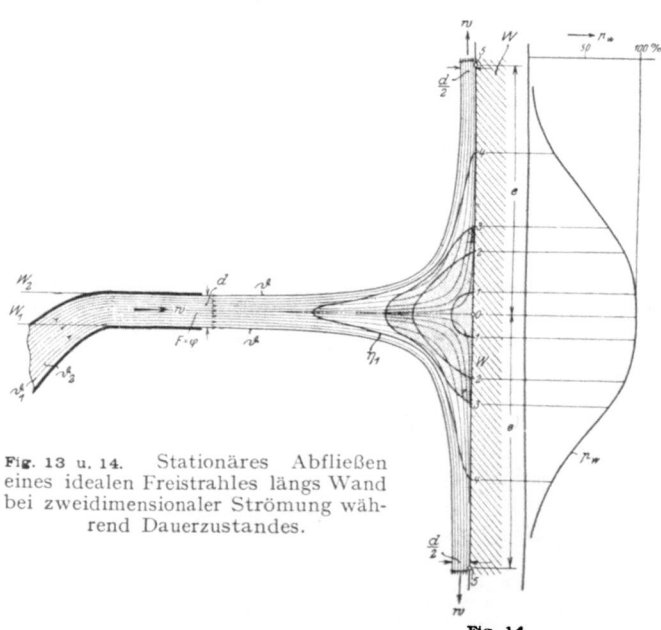

Fig. 13 u. 14. Stationäres Abfließen eines idealen Freistrahles längs Wand bei zweidimensionaler Strömung während Dauerzustandes.

Fig 14

Wie hoch diese Grenzgeschwindigkeit liegt bzw. ein wie großer Teil der ganzen Flüssigkeit bei einer bestimmten oberhalb der Grenze liegenden Strahlgeschwindigkeit in dieser Weise von der Wand W abspritzt, hängt ab von der Kohäsion und Zähigkeit der Flüssigkeit, von ihrer Adhäsion an der Wand und endlich von der Dicke d des Strahles.

Da beim Spritzguß das Umherklecksen des Metalls in der Form soweit als möglich vermieden werden soll, muß bei der Wahl der Einströmgeschwindigkeit auf diese Grenze Rücksicht genommen werden, soweit dies praktisch möglich ist. Daher soll im Nachfolgenden auch bei der Betrachtung wirklicher Strömungsvorgänge in der Form immer angenommen werden, daß die Strahlgeschwindigkeit w unterhalb der Grenze verbleibt, von der an dieses Zerstieben auch nach Beendigung der eigentlichen Stoßperiode stattfindet.

4. **Die stationäre zweidimensionale Abströmung eines Freistrahls an einer senkrechten Wand.**

Unter der eben gemachten Voraussetzung soll nun zunächst genauer untersucht werden, welches Strömungsbild sich einstellt, wenn ein zwischen zwei parallelen Ebenen W_1 und W_2 bis zum Mündungsquerschnitt F parallel gerichteter, unendlich breiter Freistrahl von der endlichen Dicke d (im Mündungsquerschnitt) in stationärer Strömung längs einer senkrechten, von ihm beaufschlagten Wandung W abläuft. Ein Ausschnitt aus einem solchen Strahlbild ist in Fig. 13 in perspektivischer Darstellung wiedergegeben.

Zunächst folgt schon aus Symmetriegründen, daß in diesem Falle die gesamte Strömung zweidimensional verlaufen muß, d. h. alle Stromlinien ϑ_n verlaufen in zueinander parallelen Ebenen. In diesem Falle stehen diese Ebenen sowohl auf den Führungsebenen des Freistrahles W_1 und W_2 als auch der beaufschlagten Wand W senkrecht.

Fig. 14 zeigt einen Schnitt durch den Strahl in einer solchen Stromlinienebene. Aus dieser Figur wird deutlich, wie sich bei der stationären Strömung die Umlenkung des Strahles an der Wand W vollzieht. Die in der Nähe der Strahlbegrenzungen ϑ liegenden Stromlinien ϑ_1 und ϑ_2 entfernen sich in der ganzen Umlenkung nur wenig voneinander; die den Strahlbegrenzungen ϑ unendlich nahe benachbarten Stromlinien verlaufen mit diesen mathematisch genau äquidistant. Dagegen treten die von den Strahlgrenzen entfernteren (mehr im Inneren des Strahles liegenden) Stromlinien ϑ_n, je mehr sie sich der beaufschlagten Wand nähern, desto mehr auseinander, und zwar um so stärker, je weiter sie von den Strahlbegrenzungen entfernt sind. Die nahe der Mittelebene des Strahles verlaufenden Stromlinien nähern sich in dem Umlenkungsbereich der Gestalt von gleichseitigen Hyperbeln, und zwar um so mehr, je näher sie der Mittelebene des Strahles liegen.

Der Strahl verdickt sich somit, je näher er der Umlenkstelle kommt, nach einer ganz bestimmten (in dem Obigen angedeuteten) Gesetzmäßigkeit. Im Umlenkungsbereich teilt er sich in zwei Halbstrahlen, von denen der eine nach oben, der andere nach unten abströmt. In jedem dieser Halbstrahlen treten die Stromlinien nach dem gleichen Gesetz wieder zusammen, nach dem sie sich vorher voneinander entfernt hatten. In einem bestimmten, gegen die Strahldicke d großen Abstande e von dem Aufschlagpunkte O verlaufen sie wieder nahezu parallel in fast den gleichen Abständen, die sie beim Austritt aus der Mündung F hatten.

Für den Geschwindigkeitsverlauf in der Umlenkung ergibt sich hieraus folgendes: Die von den Stromlinien begrenzten „Stromröhren" vergrößern nach der Umlenkstelle hin ihren Durchflußquerschnitt um so mehr, je weiter sie von den Strahlgrenzen ϑ entfernt sind. Die beiden unmittelbar an den Strahlgrenzen ϑ liegenden (unendl. dünnen) Stromröhren behalten konstanten Durchflußquerschnitt. Ganz entsprechend erfolgt auch wieder nach der Umlenkung die Verkleinerung der Durchflußquerschnitte mit zunehmender Entfernung vom Punkte o. In den beiden, von o um e entfernten Punkten 5 sind die Durchflußquerschnitte der Stromröhren wieder praktisch nahezu gleich denen im Mündungsquerschnitt F.

Demnach bleibt an den Strahlgrenzen die Strömungsgeschwindigkeit in dem ganzen Umlenkungsbereich konstant $= w$; in den von den Strahlgrenzen entfernteren Stromröhren wird sie vor der Umlenkung vermindert und hinter ihr (in den beiden Halbstrahlen) wieder vergrößert, und zwar beides um so mehr, je näher die betreffende Stromröhre der Strahlmitte kommt. Die Strömungsgeschwindigkeit nimmt somit im Umlenkungsbereich von den Strahlgrenzen nach dem Strahlinneren hin von w bis auf o (im Punkte o) ab.

Ganz allgemein kann man aus dem Stromlinienbilde stets sofort auf die Geschwindigkeitsverteilung schließen. Zur genauen Ermittlung des idealen Verlaufes der Stromlinien selbst (und damit der idealen Oberflächengestalt) kommt als Universalverfahren bei zweidimensionaler Strömung die Methode der konformen Abbildung zur Anwendung (eventuell unter Voraussetzung von Diskontinuitätsflächen im Innern der Strömung). In manchen Fällen ist eine analytische Lösung möglich; wenn es gelingt, die Stromfunktion Ψ durch eine die gegebenen Randbedingungen befriedigende Gleichung als Ortsfunktion darzustellen, sind die Stromlinien einfach als Kurven konstanter (von einer Stromlinie zur andern natürlich verschiedener) Ψ-Werte unmittelbar gegeben.

In der großen Mehrzahl der praktisch vorliegenden Fälle, in denen die Auffindung einer entsprechenden Funktion nicht gelingt, kann der Stromlinienverlauf durch graphische Methoden doch stets mit hinreichender Genauigkeit ermittelt werden.

Aus der hiermit gegebenen Geschwindigkeitsverteilung ist aber weiter die Druckverteilung mittels der Bernoullischen Gleichung leicht zu ermitteln, wie im nächsten Kapitel auszuführen sein wird.

In den beiden mit 5 bezeichneten Punkten, in denen alle Stromlinien nahezu wieder denselben Abstand haben wie in F, haben auch alle Stromröhren (nahezu) den gleichen Durchflußquerschnitt wie in F und folglich mit sehr großer Annäherung die gleiche Geschwindigkeit w[25].

Von den beiden Punkten 5 an strömen somit (bei idealer, verlustfreier Strömung) die beiden Halbstrahlen als (fast genau) parallele Strahlen von der Dicke $\frac{d}{2}$ mit der Geschwindigkeit w bis ins Unendliche.

Über die Veränderungen des Strömungsbildes bei den wirklichen Strömungsvorgängen, die unter dem Einfluß der Wirbel- und Reibungsverluste entstehen, wird später gesprochen werden.

Hier sei nur noch auf einen Umstand hingewiesen, der für die Anwendung des oben Ausgeführten auf die wirklichen Strömungsvorgänge in der Form von großer Wichtigkeit ist. Im streng mathematischen Sinne kann

---

[25] In den Strömungsbildern ist die Strömungsgeschwindigkeit in den Punkten 5 immer mit w angegeben. Dies ist nicht ganz korrekt, da im strengen Sinne die umgelenkten Strahlen erst in unendlicher Entfernung vom Punkte O in allen Stromröhren die gleiche Geschwindigkeit w haben würden. Praktisch kann jedoch schon in einem endlichen Abstande e von Punkt O die Strömungsgeschwindigkeit in allen Stromröhren gleich w gesetzt werden.

eine zweidimensionale Strömung beim Aufschlag eines Freistrahles auf eine Wand nur dann auftreten, wenn der Strahl unendlich breit ist, wie oben immer vorausgesetzt wurde. Praktisch kann man jedoch auch beim Aufschlag eines Strahles von endlicher Breite b und im Verhältnis zu b sehr geringer Dicke d auf eine senkrechte Wand annehmen, daß die Strömung über einen großen, von den seitlichen Begrenzungen hinreichend weit entfernten Bereich hin sehr angenähert zweidimensional

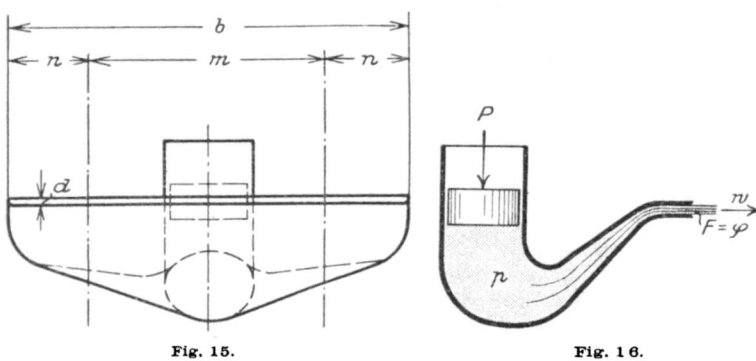

Fig. 15.   Fig. 16.

verläuft. So würde z. B. bei einem solchen Strahl, wie er in dem in Fig. 15 und 16 dargestellten Druckgefäß erzeugt würde, beim Aufschlag auf eine senkrechte Wand der Mittelteil m in angenähert zweidimensionaler Strömung, die beiden Randpartien n dagegen in deutlich ausgeprägter dreidimensionaler Strömung längs der beaufschlagten Wand abströmen.

Auch die Fig. 15 dient, wie hier ausdrücklich bemerkt sei, nur zur Veranschaulichung, soll jedoch nicht quantitativ genau sein. Offenbar ist das Verhältnis $\frac{n}{b}$ um so kleiner, je kleiner $\frac{d}{b}$ ist.

Bei solchen Spritzgußformen, die einen langen, dünnen, bandartigen Anschnitt aufweisen, ist das Verhältnis der Strahldicke (= Anschnittdicke) zur Strahlbreite (= Anschnittbreite) meist noch viel kleiner als es in Fig. 15 (aus Gründen der zeichnerischen Darstellung) gewählt ist. Schlägt in einer solchen Form der Strahl auf eine senkrechte Ebene auf, so kann die Strömung in einem beträchtlichen Teile der Hohlform als angenähert zweidimensional angesehen werden.

5. Die stationäre, zweidimensionale Abströmung eines einseitig begrenzten Strahles in einer rechtwinkligen Ecke.

Wird (siehe Fig. 17 u. 18) ein zwischen zwei parallelen Ebenen W_1 und W_2 bis zur Mündung geführter Strahl von endlicher Dicke d und unendlicher Breite auch nach seinem Austritt aus der Mündung durch eine der beiden Führungsebenen W_1 weiter einseitig begrenzt, so verlaufen bei seinem Aufschlage auf eine senkrechte Wand W die Strömungsvorgänge ganz analog den vorher besprochenen. Ein Ausschnitt aus einem solchen idealen Strömungsvorgang ist in Fig. 18 perspektivisch dargestellt. Auch in diesem Falle tritt im ersten Augenblick, in dem der Strahl auf die Wand W aufschlägt, eine Stoßperiode auf, während deren die Abströmung nicht stationär verläuft. Nach einer äußerst kurzen Zeit tritt jedoch auch hier stationäre Umlenkung und stationärer Ablauf ein, wie Fig. 17 zeigt. Wenn die Strömung reibungsfrei, wirbelfrei und verlustfrei ist, so entspricht der Verlauf der Stromlinien in diesem Falle genau dem Verlauf der Stromlinien in der oberen Hälfte der Fig. 14. Man kann also auch sagen: Bei verlustfreier Strömung erfolgt die zweidimensionale Umlenkung eines Freistrahls an einer senkrechten Wand ebenso, als wenn der Freistrahl durch eine parallel zu seinen Führungsebenen durch die Strahlmitte gehende Ebene in zwei Halbstrahlen geteilt würde.

Bei der wirklichen mit Reibungs- und Wirbelverlusten behafteten Strömung erleidet der Strömungsab-

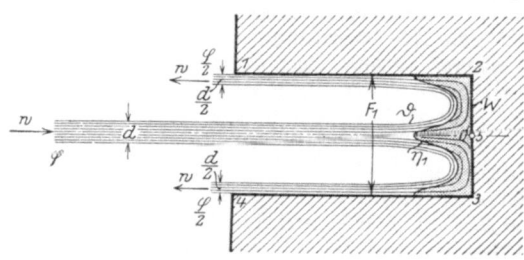

Fig. 19. Umlenkung eines idealen Freistrahles in Sackhohlraum bei zweidimensionaler Strömung während Dauerzustandes, wenn $\frac{\varphi}{F_1} < \frac{1}{4}$.

lauf in einer Ecke freilich eine sehr erhebliche durch die Wirbelablösung bedingte Abänderung, auf die später näher eingegangen wird.

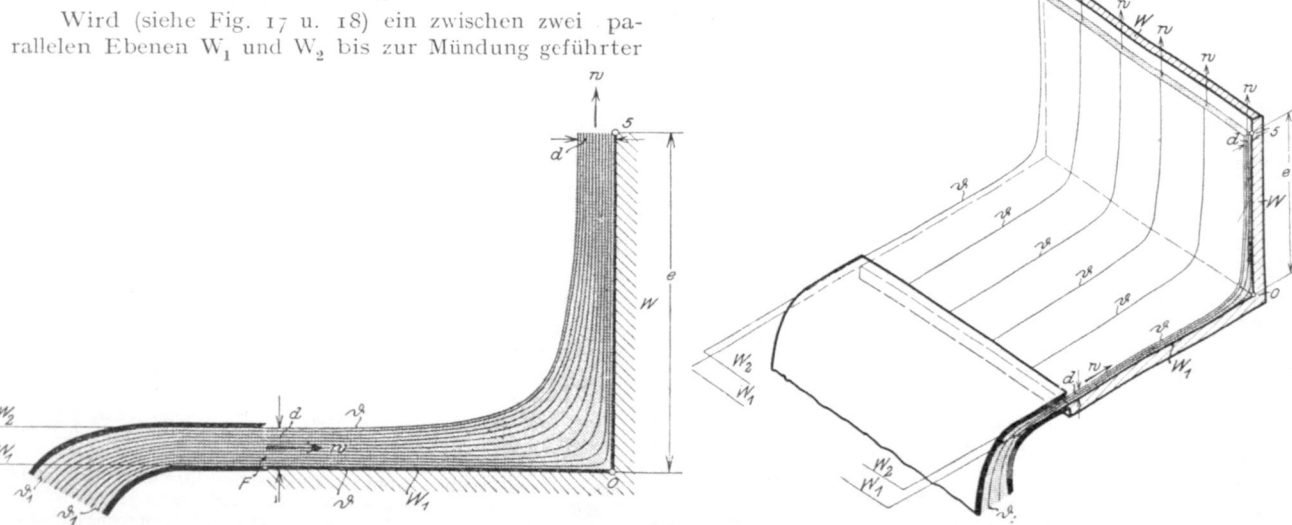

Fig. 17 u. 18. Umlenkung eines idealen, einseitig begrenzten Strahles in einer Ecke bei zweidimensionaler Strömung während des Dauerzustandes.

6. Strömungsverlauf bei zweidimensionaler Umlenkung eines Strahls in einem rechteckigen Sackhohlraum.

Trifft der Freistrahl (Fig. 19) in einen rechteckigen Sackhohlraum vom Querschnitt F_1, so sind je nach dem Verhältnis des Strahlquerschnitts zum Hohlraumquerschnitt zwei Fälle zu unterscheiden. α) Ist $\frac{\varphi}{F_1} > \frac{1}{4}$ so tritt, wie sich leicht beweisen läßt[26]), in dem Sackhohlraum überhaupt keine stationäre Strömung ein. Bei idealer verlustloser Strömung erfolgt die Auffüllung des Hohlraums während der Stoßperiode von hinten nach vorn (entgegengesetzt der Strömungsrichtung des einlaufenden Strahls). Bei der wirklichen Strömung, bei der während der Stoßperiode starke Unregelmäßigkeiten auftreten (Fig. 11), erfolgt die Auffüllung in sehr unregelmäßiger Weise unter heftigem Umherspritzen und Umherwirbeln der Flüssigkeit. Diese Erscheinungen treten um so stärker auf, je höher die Strahlgeschwindigkeit ist und je weiter $\frac{\varphi}{F_1}$ oberhalb des Wertes $\frac{1}{4}$ liegt. β) Ist $\frac{\varphi}{F_1} < \frac{1}{4}$, so tritt nach einer kurzen Stoßperiode auch in dem Sackhohlraum ein stationärer Strömungszustand ein, in welchem (siehe Fig. 19) die Umlenkung des einlaufenden Strahles, seine Verteilung in zwei Halbstrahlen und die Umlenkung jedes Halbstrahles in den Ecken 2 bzw. 3 in ähnlicher Art und nach den gleichen Gesetzen erfolgt wie in Fig. 14 und 17. Fig. 19 gibt ein ungefähres Bild des Strömungsverlaufs, wie er sich in diesem Falle einstellt. Im Grunde des Sackhohlraumes bildet sich ein gewisser Flüssigkeitsstau[27]), der um so flacher ist, je kleiner $\frac{\varphi}{F_1}$ ist. Innerhalb dieses Staues ist die Strömungsgeschwindigkeit stark vermindert, jedoch[28]) nirgends ganz aufgehoben. Längs der beiden Seitenwände 2—1 und 3—4 strömt die Flüssigkeit aus dem Stau heraus in zwei Halbstrahlen, deren jeder in einiger Entfernung vom Punkte 2 bzw. 3 praktisch die Dicke $\frac{d}{2}$ (und den Querschnitt $\frac{\varphi}{2}$) und die Strömungsgeschwindigkeit w hat. Da aus dem Stau ebensoviel Flüssigkeit wieder heraus- als hereinströmt, kann er sich nicht vergrößern. Bei reibungsfreier, idealer Strömung und einer Strömungsgeschwindigkeit, deren Richtungsänderung durch die Schwerkraft vernachlässigbar ist, würde sich somit der Sackhohlraum überhaupt niemals voll füllen. Auch dieser Strömungs-

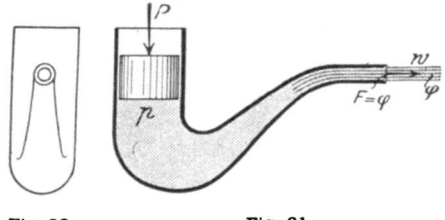

Fig. 20.   Fig. 21.

vorgang erleidet bei den tatsächlichen Verhältnissen, wie aus der täglichen Anschauung bekannt, erhebliche Abänderungen, auf die später eingegangen wird.

7. Aufschlag eines Freistrahls auf eine senkrechte Wand bei dreidimensionaler Strömung.

Unter einer dreidimensionalen Strömung versteht man eine solche, bei der sich die einzelnen Flüssigkeits-

---

[26]) Der Beweis wird in Fußnote 64 auf Seite 40 gegeben.
[27]) Unter einem Stau soll hier und im nachfolgenden immer eine gestaute Flüssigkeitsmenge verstanden werden.
[28]) Abgesehen von den drei Staupunkten 2, 3 und 5.

---

teilchen nach allen drei Koordinaten hin bewegen. Bei einem dreidimensionalen Strömungsvorgange sind die Stromlinien im allgemeinen keine ebenen, sondern räumliche Kurven. Erfolgt die Strömung (in Ausnahmefällen, z. B. in dem in Fig. 22, 23 dargestellten Falle) so, daß jeder einzelne Stromfaden in einer Ebene verläuft, so sind doch die Ebenen der verschiedenen Stromfäden einander nicht parallel (siehe Fig. 23; Fall der Achsensymmetrie.)

Das einfachste Beispiel eines dreidimensionalen Strömungsvorganges liefert die Umlenkung eines Frei-

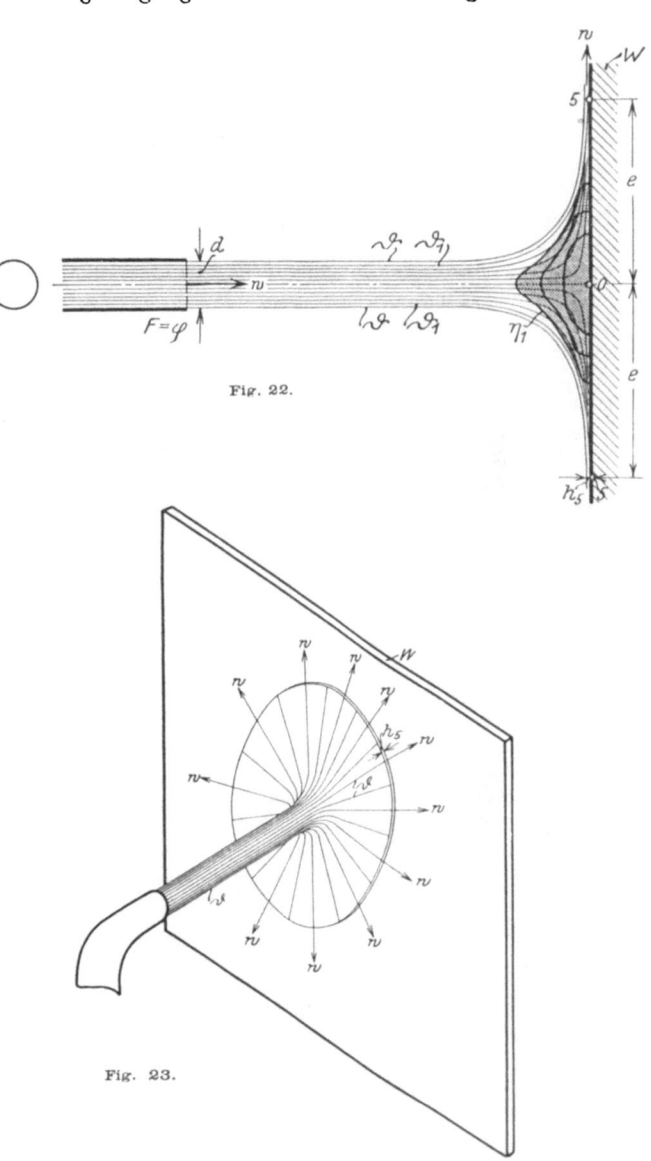

Fig. 22 u. 23. Stationäres Abfließen eines idealen Freistrahles längs Wand bei dreidimensionaler Strömung während Dauerzustandes.

strahls von kreisrundem Querschnitt an einer senkrechten Wand. Ein solcher Freistrahl entsteht z. B. bei der Ausströmung aus einem Druckgefäß von der in Fig. 20 und 21 dargestellten Art, deren Mündungsstück den Strahl (siehe Fig. 21) parallel führt. Bei Aufschlag eines solchen Strahles auf eine senkrechte Wand W stellt sich nach einer kurzen, ähnlich wie in den Fig. 10 bzw. 11 verlaufenden, Stoßperiode gleichfalls ein stationärer Strömungszustand ein, bei dem die Flüssigkeit an der beaufschlagten Wand nach allen Richtungen hin in gleicher Weise abläuft (siehe Fig. 23)[29]) und die Stromlinien in einer durch die Strahlachse gehenden Ebene den in Fig. 22 dargestellten Verlauf aufweisen. Auch in diesem Falle erreicht bei verlustloser Strömung die ablaufende Flüssigkeit in einer bestimmten Entfernung e von der Umlenkstelle O wieder nahezu die Strömungsgeschwindigkeit w. Ein wesentlicher und für die nachfolgenden Betrachtungen einschneidend wichtiger Unterschied dieses Strömungsbildes gegenüber dem zweidimensionalen (Fig. 14) liegt jedoch darin, daß hier (in dem Querschnitt durch den Strahl Fig. 22) die äußere Strahlbegrenzung in einiger Entfernung vom Aufschlagpunkt nicht, wie im Falle der Fig. 14, eine zur Aufschlagebene parallele Gerade, sondern (mit sehr großer Annäherung) eine gleichseitige Hyperbel ist. Die Dicke des ablaufenden Strahles verringert sich also bei dreidimensionaler Strömung um so mehr, je weiter sich dieser von dem Aufschlagpunkte O entfernt.

Denn wegen der vollständigen Symmetrie des Bewegungsvorganges muß der ablaufende Strahl an allen Punkten n, die vom Aufschlagpunkte O gleich weit entfernt sind, die gleiche Dicke h_n haben. Man kann sich somit in das Strömungsbild eine Anzahl konzentrischer Kreiszylindermäntel von immer größer werdendem Durchmesser hineingezeichnet denken, die auf den Stromlinien in jedem Punkte (fast) senkrecht stehen. Ein solcher Kreiszylindermantel von der Höhe h_5 (gleich der Strahldicke im Punkte 5 in Fig. 22) und dem Durchmesser 2 e ist in der perspektivischen Darstellung, Fig. 23, eingetragen. Durch jeden Kreiszylindermantel strömt in der Zeiteinheit das gleiche Flüssigkeitsquantum; da die Strömungsgeschwindigkeit in hinreichender Entfernung vom Aufschlagpunkt O überall gleich groß = w ist, müssen auch die Flächen aller Zylindermäntel einander gleich sein. Die Höhe jedes solchen Zylindermantels h_n ist somit seinem Radius (d. h. der Entfernung vom Aufschlagpunkt O), umgekehrt proportional, womit die Hyperbelgestalt der äußeren Strahlbegrenzungskurve ϑ in hinreichendem Abstand vom Aufschlagpunkte bewiesen ist.

Mit den vorstehenden Betrachtungen ist ein Teil der Hilfsmittel für die weitere Untersuchung gegeben. Der zweite nicht minder wichtige Teil des hydrodynamischen Rüstzeuges besteht in der Darlegung der Abwandlungen, die die Strömungsbilder bei der wirklichen mit Reibungs- und Wirbelverlusten behafteten Strömung erleiden. Diese Darlegungen sollen jedoch im nachfolgenden erst im Zusammenhang mit der wirklichen Einströmung in die Gießformen gemacht werden.

So sehr auch die wirklichen Strömungsbilder in einigen Fällen von den hier behandelten idealen abweichen, so ist doch ein Verständnis für erstere ohne genaue Kenntnis der letzteren nicht zu gewinnen.

Insbesondere kann man sich von der großen Wichtigkeit der Reibungs- und Wirbelvorgänge nur dann Rechenschaft geben, wenn man die unter ihrem Einfluß entstehenden wirklichen Strömungsbilder mit den entsprechenden idealen vergleicht. Hieraus ergeben sich aber wichtige praktische Richtlinien für die Strahlführung. Denn, wie später zu zeigen sein wird, sind die Reibungs- und Wirbelvorgänge an bestimmten Stellen in der Form sehr erwünscht, sogar unentbehrlich. An anderen Stellen wieder bedeuten sie einen unerwünschten Geschwindigkeitsverlust. Nur bei voller Klarheit über die Bedeutung der Strömungsverluste für das wirkliche Strömungsbild gegenüber dem idealen kann man die Strahlführung in der Form so gestalten, daß die Verluste an der einen Stelle möglichst hoch, an anderen Stellen möglichst niedrig sind.

[29]) Es sei daran erinnert, daß diese Symmetrie nur dann entsteht, wenn die Schwerkraft vernachlässigt werden kann.

c) Die Einströmung des Metalls in die Spritzgußform.

1. Die Gestaltung von Einguß und Anschnitt.

An Hand dieser Voruntersuchungen soll nun dazu übergegangen werden, die wirkliche Einströmung des flüssigen Metalls in die Spritzgußform zu betrachten.

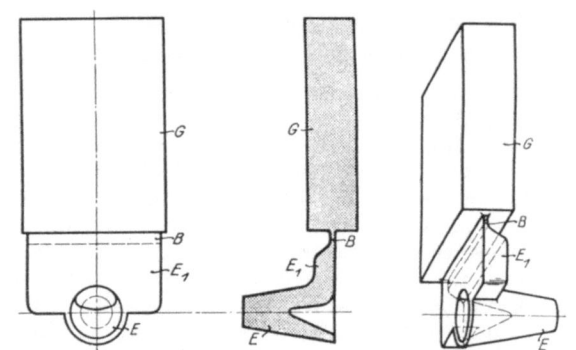

Fig. 24—26. Einfaches Gußstück mit Eingußzapfen, Eingußsack und Anschnitt.

Das Metall gelangt aus der Druckkammer (siehe Fig. 1 und 2, Fig. 27/28 und 29/30) durch das Spritzmundstück M, den Einguß E, den Eingußsack E_1 und den Anschnitt B hindurch in den eigentlichen Formhohlraum.

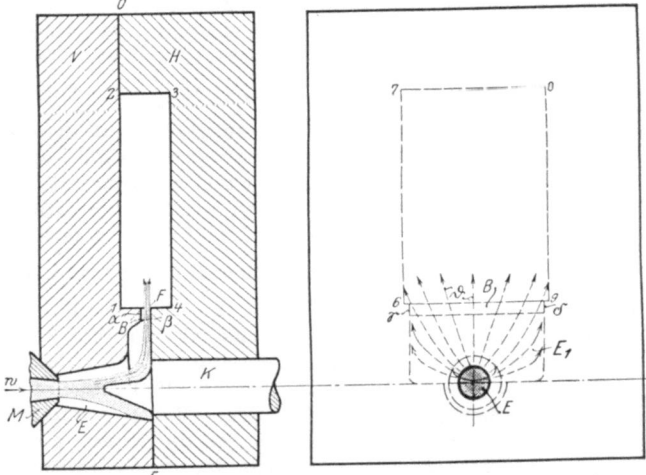

Fig. 27 u. 28. Strömungsverlauf in der Form im ersten Augenblicke der Einströmung.

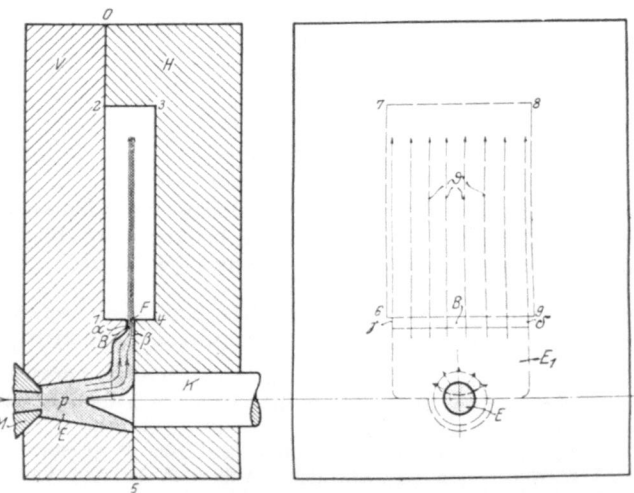

Fig. 29 u. 30. Strahlgestalt nach Vollfüllung des Eingußzapfens und Eingußsackes.

Der Einguß E hat fast in allen Fällen die Gestalt eines vollen oder hohlen Kreiskegelstumpfs. Als Anschnitt soll im folgenden in der Form diejenige Aussparung bezeichnet werden, die das Metall unmittelbar in die eigentliche Hohlform hineinführt, am Gußkörper aber dasjenige Metall, welches das eigentliche Gußstück mit dem Eingußsack E_1 verbindet. Der Anschnitt soll in der Form sowie am Gußstück mit B benannt werden (siehe Fig. 24—26); sein Mündungsquerschnitt (bzw. engster Querschnitt) F (senkrecht zur Strahlrichtung gemessen) wird als Einströmquerschnitt bezeichnet werden.

Dieser Anschnitt kann entweder die Gestalt eines vollen oder hohlen Kreiszylinders oder eines langen, dünnen Bandes besitzen, so daß der eigentliche Einströmquerschnitt entweder die Form eines Kreises oder eines Ringspaltes oder eines sehr langen, dünnen Rechteckes hat. Eingüsse mit kreiszylinderischem Anschnitt kommen im allgemeinen nur zur Verwendung bei ganz besonders kompakten, dickwandigen und klobigen Gußstücken, und auch bei diesen nur in ganz bestimmten Fällen[30].

Eingüsse mit ringspaltförmigem Anschnitt finden häufig Verwendung bei Gußstücken, deren Gestalt sich im wesentlichen der Grundform einer kreisrunden Platte nähert. Weitaus am häufigsten sind die Eingüsse mit langem, schmalem bandartigen Anschnitt.

Während bei kreisförmigem und kreisringförmigem Anschnitt der Eingußzapfen auf das Gußstück selbst aufgesetzt wird, so daß der Anschnitt in der Verlängerung des Eingusses liegt, ist bei bandartigem Anschnitt der Einguß meist außerhalb des eigentlichen Gußstückes angeordnet.

Ein Beispiel hierfür bildet das Gußstück einfachster Gestalt, das in den Fig. 24—26 in Ansicht, Schnitt und Perspektive und dessen Form in Fig. 27/28 und 29/30 in Schnitt und Ansicht schematisch dargestellt ist. In Fig. 24—26 bedeuten

G das eigentliche Gußstück,
B den Anschnitt,
E den Eingußzapfen.

In den Formzeichnungen 27/28 und 29/30 sind die beiden breiten Begrenzungsebenen des Anschnittes mit α und β, seine beiden schmalen Begrenzungsebenen dagegen mit γ und δ bezeichnet. Wie die Fig. 27÷30 zeigen, erfährt das in den Einguß einströmende Metall eine Umlenkung, bevor es in den Anschnitt B hineingelangt. In allen solchen Fällen ordnet man unmittelbar vor dem Anschnitt B einen sehr kräftigen Eingußsack an, der in allen folgenden Abbildungen sowohl in Formen als an Gußstücken mit E_1 bezeichnet werden soll. Dieser Eingußsack, der sich über die ganze Breite des Anschnitts (siehe Fig. 24, 25 und 26) erstreckt, ist mit dem eigentlichen Einguß durch sehr kräftige Übergangsquerschnitte verbunden. Er dient dazu, das einströmende Metall mit geringen Umlenkungs- und Abkühlungsverlusten dicht an die eigentliche Hohlform heranzuführen. Der Anschnitt B selbst, der bei bandartiger Ausbildung immer sehr dünn bemessen ist, wird möglichst kurz gemacht, um die Abkühlung und Reibung des ihn durchströmenden Metalls möglichst gering zu halten. Seine Länge muß nur eben hinreichen, um dem austretenden Strahl den parallelen Verlauf der Stromlinien in der gewollten Richtung aufzuzwingen[31].

---
[30] Siehe S. 47 Abs. 2.
[31] Diese Forderung, den Metallstrahl zu paralleler Ausströmung in einer bestimmten Richtung zu zwingen, wird in der Praxis nicht immer erfüllt. Ihre Erfüllung ist jedoch eine unumgängliche Voraussetzung für eine berechenbare, eine vollständige Luftabführung gestattende Art der Formauffüllung.

2. Die Strömungsvorgänge beim Einströmen des Metalls in die Form.

Wenn in die in Fig. 27/28 und 29/30 dargestellte Hohlform, deren Anschnitt B und Eingußsack E_1 im Verhältnis zum Eingußzapfen E sehr breit sind, Metall hereingespritzt wird, so haben die Stromlinien des bei F in die Hohlform eintretenden Strahles im allerersten Augenblick der Einströmung einen anderen Verlauf als denjenigen, den sie unmittelbar darauf annehmen und während der weiteren Dauer der Einströmung beibehalten.

α) **Strömungsverlauf im ersten Augenblick der Einströmung.** Denn das Metall tritt im allerersten Augenblicke der Einströmung aus der Mundstücköffnung M als kreisrunder Freistrahl mit hoher Geschwindigkeit aus (siehe Fig. 27), durcheilt den Einguß E, ohne ihn voll zu füllen, und verteilt sich beim Aufschlag auf den Verteilerstift K in dreidimensionaler Strömung nach allen Richtungen hin. Der nach oben hin strömende Teil des Metalls wird an der Wand β (siehe Fig. 27) nach oben hin umgelenkt, in ähnlicher Art wie der entsprechende Teil des in den Fig. 22 und 23 dargestellten Strahles. Er durchströmt den Eingußsack E_1 in der in Fig. 27 und 28 angegebenen Weise, wobei die Stromlinien ähnlich verlaufen dürften wie die in Fig. 28 gestrichelt eingetragenen, mit ϑ bezeichneten Kurven. Der Strahl breitet sich also in diesem allerersten Augenblicke der Einströmung in seiner Hauptebene (Fig. 28) nach den Seiten hin aus und schlägt in Richtung seiner Hauptebene auf die Formwandungen 6—7 und 9—8 auf, an denen Teile von ihm auch ein Stück entlanglaufen.

Senkrecht zur Hauptebene (Fig. 27) findet dagegen keine solche Strahlausbreitung statt. Denn einmal sind in dieser zur Hauptebene senkrechten Ebene überhaupt keine nennenswerten Geschwindigkeitskomponenten senkrecht zu den Ebenen α und β vorhanden, und überdies wird der Strahl durch die enge Parallelführung im Anschnitt von vornherein fest gefaßt und senkrecht zu seiner Hauptebene (Fig 27) zu paralleler Ausströmung gezwungen.

β) **Strömungsverlauf nach Vollfüllung des Eingußsackes.** In der in Fig. 27 und 28 gezeigten Art verläuft die Einströmung jedoch nur während eines äußerst kurzen, nach Bruchteilen von hundertstel Sekunden zählenden Zeitraumes. Unmittelbar nachdem das erste Metall den Einguß durcheilt hat (siehe Fig. 29 und 30), wird dieser nebst dem Eingußsack vollgefüllt, da durch den engen Anschnitt im ersten Augenblick weit weniger Metall abströmt, als durch die Mundstücköffnung zufließt.

Von da an wird die Strömungsgeschwindigkeit des aus dem Mundstück austretenden Metalls im Eingußsack (entsprechend seinem im Vergleich zum Mundstück viel größeren Querschnitt) sehr stark verringert und zum Teil in Druck, zum andern Teil durch Reibung (vornehmlich infolge der an den Erweiterungsstellen auftretenden Wirbel) in Wärme verwandelt. Von dem Augenblick an, in dem der Sack vollgefüllt ist, liegt der freie Ausströmquerschnitt (d. h. der Querschnitt, in dem der Metallstrahl zum Freistrahl wird) nicht mehr an der Mundstücköffnung, sondern in dem in allen Formzeichnungen einheitlich mit F bezeichneten Einströmquerschnitt. Die Geschwindigkeit, mit der von da an das Metall den Eingußsack durcheilt, ist so gering, daß man sie mit großer Annäherung nahezu gänzlich vernachlässigen kann. Anderseits ist der Druck an dieser Stelle nahezu gleich dem Gießdruck in der Druckkammer[32]); er wird in den folgenden Betrachtungen diesem immer ohne weiteres gleichgesetzt werden. Man kann sich für die weiteren Betrachtungen die Verhältnisse dahin veranschaulichen, daß man Steigkanal, Mundstück, Einguß und Eingußsack als einen einheitlichen Leitungsstrang von zwar verschiedenem, aber im Vergleich zum Mündungsquerschnitt F überall sehr großem Querschnitt betrachtet und auf dieses System die Bernoullische Gleichung (siehe Seite 38) anwendet.

Hieraus geht hervor, daß, sobald der Eingußsack vollgefüllt ist, das Metall aus dem (von nun an unter dem Gesichtspunkt der Einströmung in die Form als Einströmquerschnitt bezeichneten) Querschnitt F als ein vollständig parallel gerichteter Freistrahl austritt. Denn die Geschwindigkeit, mit der das Metall von nun an den Eingußsack durchströmt, ist so gering, daß ihre Komponenten in den Richtungen 6→9 und 9→6 (siehe Fig. 28 und 30) auf die Strahlbewegung beim Austritt aus dem Querschnitt F keinen Einfluß mehr haben. Vielmehr wird fast die ganze Geschwindigkeitshöhe, mit der das Metall den Einguß durchströmt, beim Eintritt in den Eingußsack vernichtet und aus der im Eingußsack herrschenden Druckhöhe die Einströmgeschwindigkeit des Metalls in den Anschnitt neu erzeugt und dem Anschnitt entsprechend gerichtet.

3. Praktische Folgerungen.

Wie die vorstehenden Überlegungen zeigen, kann bei Gußstücken mit bandartigem Anschnitt von im Verhältnis zum Eingußzapfen großer Breite tatsächlich im allerersten Augenblick ein Auseinanderstieben des Bandstrahles eintreten. Freilich geschieht dies in ganz anderer Weise, als die in der Einleitung erwähnte, durch Fig. 7 illustrierte Anschauung es sich vorstellt. Denn einmal findet diese Ausbreitung nur in derjenigen Ebene statt, in welcher der Strahl beim ersten Durcheilen des Eingußsackes auseinanderlaufen kann; also im Falle der Fig. 7 ganz gewiß nicht in der darin dargestellten Schnittebene. Außerdem muß diese Strahlausbreitung fast unmittelbar nach Beginn der Einströmung wieder verschwinden. Sie kann also nach einer so weitgehenden Auffüllung, wie in Fig. 7 dargestellt, sich nicht mehr bemerkbar machen.

Aus diesen Überlegungen ergibt sich als praktisch wichtiges Resultat die Folgerung, daß bei Gußstücken mit bandartigem, sich über einen großen Teil der Gußstückbreite erstreckendem Anschnitt die Trennfuge der Form nicht mit der Hauptebene des Anschnittes zusammenfallen darf. Denn da die wichtigsten Luftabführungsschlitze in der Trennfuge liegen, würde bei Mißachtung dieser, dem Spritzgußfachmann aus der Praxis wohlbekannten Regel schon eine geringe Ausbreitung des Strahles in seiner Hauptebene hinreichen, um die Entlüftungskanäle abzuriegeln. Näheres hierüber wird im Abschnitt über „Luftabführung" ausgeführt werden.

Nach der Untersuchung des Verhaltens des Metalles im ersten Augenblicke der Einströmung werden nun, in den weiteren Abschnitten, die Strömungsvorgänge beim Aufschlag des Metallstrahles auf die Formwand und während der Formauffüllung betrachtet werden.

d) Die Ausfüllung des Formhohlraumes.

1. Vorbemerkungen.

Schon früher war dargelegt worden, daß es für den praktischen Endzweck, d. h. zur Gewinnung von Richtlinien für die Konstruktion der Gießmaschinen und -formen und für den Spritzgußbetrieb unbedingt notwendig ist, über die Strömungsvorgänge in der Form und die Druckverteilung während der Einströmung Klarheit zu gewinnen. Denn um die zur Herstellung eines bestimmten Gußstückes jeweils günstigsten Gießbedingungen zu finden, muß der Spritzgußfachmann vor allem wissen, welche Art der Einströmung und Druckverteilung zum Zwecke vollständiger, scharfer Formausfüllung, völliger Luftabführung und Erzielung dichten Gefüges in dem betreffenden Falle erwünscht ist, und durch welche Maßnahmen er diese Bedingungen herbeiführen kann.

Da die Klarstellung dieser Umstände im wesentlichen ein strömungstechnisches Problem ist, kann sie nur in Angriff genommen werden, wenn einige wesentliche Grundlagen der Strömungslehre (der idealen wie der wirklichen Strömungsvorgänge) als bekannt vorausgesetzt werden können. Dies ist gegenwärtig nicht in genügendem Umfange der Fall, da die Ingenieur-Hydraulik den hier gestellten Aufgaben nicht voll genügt. Zurzeit fehlt es auch noch an Büchern, aus denen der Ingenieur die für die Spritzgußpraxis wichtigsten Methoden und Ergebnisse der modernen Hydrodynamik in praktisch brauchbarer anschaulicher Form entnehmen könnte.

Daher erwies es sich als notwendig, die folgenden Ausführungen reichlich mit allgemeinen Erörterungen strömungstechnischer Natur zu durchsetzen. Es sei jedoch ausdrücklich bemerkt, daß es nicht der Zweck dieser Darlegungen ist, eine „Theorie" zu bieten, daß sie vielmehr ausschließlich dazu dienen sollen, das Verständnis der im nächstfolgenden Kapitel entwickelten praktischen Folgerungen vorzubereiten. Diese Folgerungen erstrecken sich auf den Formentwurf, die Gestaltung des Anschnittes, die Strahlführung, die Bemessung des Druckverlaufes in der Gießmaschine und die Gieß- und Formtemperatur, also auf alle für die Ausübung des Spritzgußverfahrens wichtigen Umstände. Zum Teil sind sie freilich schon auf empirischem Wege (insbesondere, was Gestaltung und Bemessung des Anschnittes betrifft) von der Praxis vorweggenommen worden. Aber auch für diese Fälle wird es für den Spritzgußfachmann nicht ohne Interesse sein, für Maßnahmen, die bisher nur erfahrungsmäßig auf Grund von Faustregeln getroffen werden, eine Begründung kennen zu lernen, die eine Ausdeutung der Erfahrungen und ihre sinngemäße Übertragung auf wesensgleiche Einzelfälle ermöglicht.

Anderseits bietet die Übereinstimmung der Ergebnisse grundsätzlicher Überlegungen mit der Werkstattserfahrung immer das wertvollste Kontrollmittel dafür, ob sich die Überlegungen vom Boden der Wirklichkeit nicht entfernen.

2. Voraussetzungen über die Formenkonstruktion unter dem Gesichtspunkte der Luftabführung.

Der Erfolg des Gießprozesses — die Erzielung dichter, der Formenaussparung genau entsprechender Gußstücke — hat zur Voraussetzung, daß die Luft in der Form während der ganzen Dauer der Auffüllung Gelegenheit hat, zu entweichen. Daher sollen zunächst einige Vorbemerkungen über die Art der Luftabführung gemacht werden, bevor der Verlauf der Strömungsvorgänge in der Form näher betrachtet wird.

Grundsätzlich kann die Luftabführung auf drei verschiedene Arten erfolgen:

1. Durch — nahezu vollständige — Absaugung der Luft aus der Form vor Beginn des eigentlichen

---

[32]) da von der Druckkammer bis zum Eingußsack die Querschnitte im Vergleich zu F groß und die Geschwindigkeiten (und damit auch die Verluste) gering sind.

Gießvorganges (beim Hochvakuumprozeß, z. B. nach System Veeder, S. 6),
2. Durch Verdrängung der Luft aus der Form durch das Gießmetall während der Einströmung,
3. Durch Verbindung von Absaugung und Verdrängung, wobei die Luft vor Beginn des eigentlichen Gießprozesses teilweise abgesaugt, die in der Form verbliebene Luft während der Einströmung durch das Metall verdrängt wird. (In diesem Fall münden die Entlüftungskanäle natürlich nicht in die freie Atmosphäre, sondern in die Vakuumleitung aus.)

Genaueres über diese verschiedenen Entlüftungsmethoden, ihre Vor- und Nachteile und ihre Anwendungsbereiche wird später ausgeführt werden. Hier sei nur bemerkt, daß die Verdrängung der Luft durch das (Fig. 31—49) tritt hierzu noch eine zweite Forderung. Wenn sich der Metallstrahl nahezu über die ganze Breite des Gußstückes erstreckt, teilt er den Formenhohlraum in zwei Teile, deren jeder seine eigenen Entlüftungskanäle besitzen muß, damit an keiner Stelle im Metall Luft versetzt werden kann. Hieraus folgt, daß in diesem Falle die Trennfuge selbst aus mehreren gegeneinander versetzten Ebenen bestehen muß.

Ein Formentwurf, der diesen Ansprüchen genügt, ist in den Fig. 31—38 schematisch dargestellt. Diese Zeichnungen sollen lediglich die Art der Formtrennung und Entlüftung, jedoch keine sonstigen konstruktiven Einzelheiten zeigen. Daher sind hier, wie in den meisten weiteren schematischen Formzeichnungen, alle zu je einer Formenhälfte starr verbundenen Teile als je ein einheitliches Ganzes dargestellt, so daß weder Einsatzteile,

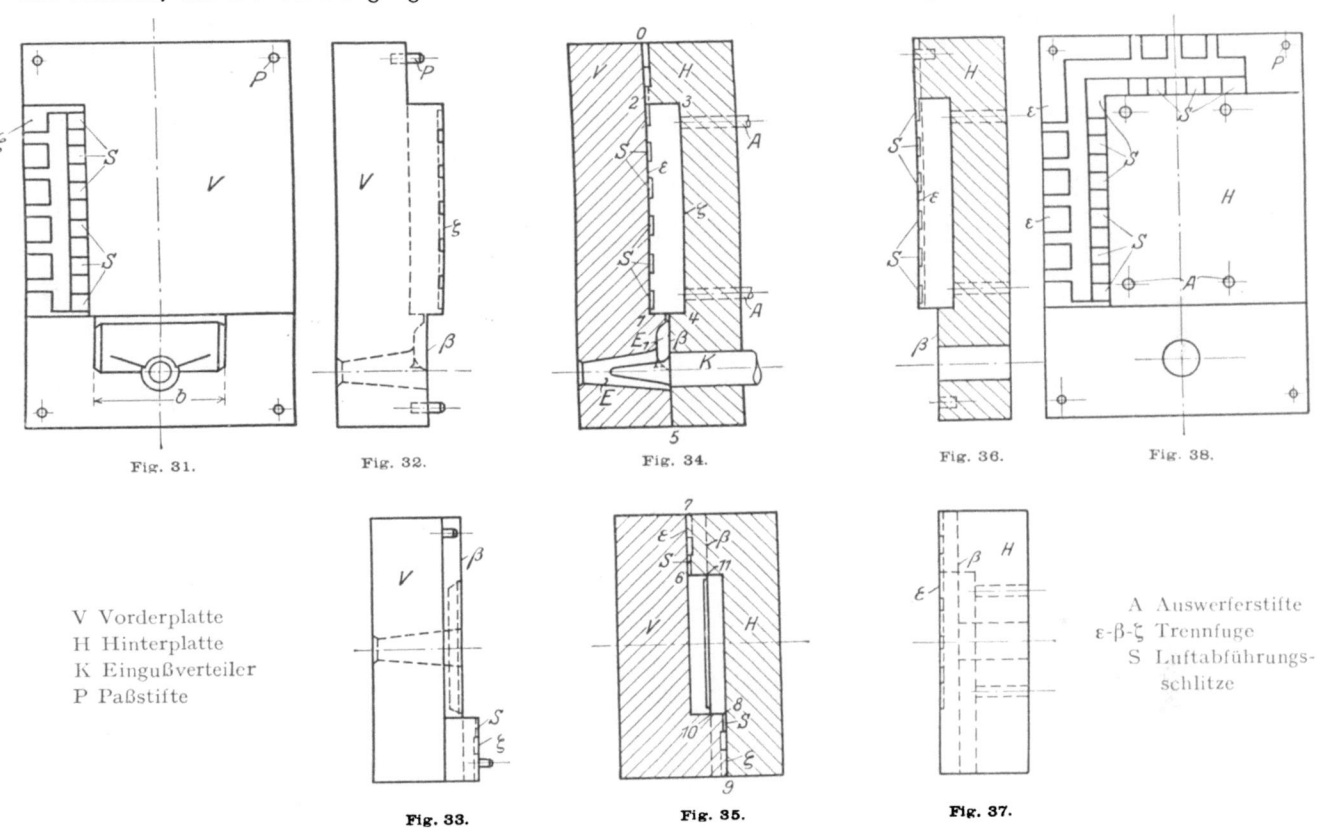

Fig. 37—38. Schematische Formskizze für das in Fig. 24—26 dargestellte Gußstück zur Veranschaulichung der Formtrennung und Luftabführung.

V Vorderplatte
H Hinterplatte
K Eingußverteiler
P Paßstifte

A Auswerferstifte
ε-β-ζ Trennfuge
S Luftabführungsschlitze

Gießmetall (insbesondere bei den hochschmelzenden Legierungen) die weitaus häufigste Art der Luftabführung darstellt.

Diese soll daher auch den nachfolgenden Betrachtungen zugrunde gelegt werden. Dabei wird angenommen, daß die Form so konstruiert (insbesondere die Formtrennung so vorgenommen) ist, daß allen Teilen des Formhohlraumes eine vollständige Entlüftung gewährleistet wird.

Die weiteren Untersuchungen sollen sich zunächst wieder auf plattenförmige Gußstücke mit breitem, dünnem, bandartigem Anschnitt beziehen, deren Grundform die in Fig. 24—26 dargestellte Rechteckplatte ist. In diesem Falle ist es (nach den Folgerungen im letzten Abschnitt des vorigen Kapitels S. 24) zunächst geboten, daß die Trennfuge der Form, die die Hauptentlüftungsschlitze enthält, nicht in der Hauptebene des Metallstrahles liegt. Bei den Formen, bei denen der Anschnitt (entspr. Fig. 24—26) nicht an einer Kante, sondern längs der Mittellinie einer Fläche verläuft, noch feste Kerne, Eingußbuchse, Laufbuchsen usw. darin angedeutet sind.

Bei dem in Fig. 31—38 dargestellten Schema verläuft die Trennfuge durch die Ebenen ε und ζ, die die Entlüftungsschlitze (S in Fig. 31—38) enthalten. Die Luft aus der linken Hälfte des Formhohlraumes kann während der Auffüllung durch die Entlüftungskanäle in der in Fig. 34 durch 1—2, in Fig. 35 durch 6—7 dargestellten Ebene ε, die aus der rechten Hohlformhälfte durch die Kanäle in der in Fig. 34 durch 3—4, in Fig. 35 durch 8—9 dargestellten Ebene ζ entweichen. Die Entlüftungsschlitze (S) sind in die Fig. 34—38 der Deutlichkeit halber unmaßstäblich eingezeichnet; ihre Dicke liegt in Wirklichkeit, je nach den besonderen Verhältnissen, zwischen einigen Hundertsteln und einigen Zehnteln Millimetern. In den meisten weiteren Formdarstellungen sind die Entlüftungsschlitze überhaupt nicht angedeutet; sie sind immer in den jeweiligen Trennfugen in einer den Fig. 31—38 entsprechenden Art anzunehmen.

Die Formtrennung nach Fig. 31—38 erscheint auf den ersten Blick recht verwickelt und werkstattstechnisch sehr ungünstig, namentlich für ein so einfaches Gußstück. Tatsächlich könnte man natürlich, wenn es sich wirklich nur um die Herstellung der in Fig. 24—26 dargestellten Rechteckplatte handelt, durch eine andere Lage und Gestaltung des Anschnittes die Art der Formtrennung wesentlich vereinfachen. Es sei jedoch hier ausdrücklich daran erinnert, daß es sich (wie schon auf S. 16 erwähnt) bei diesen und allen nachfolgenden Betrachtungen nicht um die Rechteckplatte (Fig. 24—26) an und für sich handelt, sondern daß sich diese Überlegungen auf alle die Gußstücke beziehen, deren Grundform sich dem Typus einer Rechteckplatte (bzw. eines aus Rechteckplatten zusammengesetzten Körpers, siehe Fig. 53—59) nähert. Unter diesen Gußstücken gibt es viele, die wegen der besonderen Eigenart ihrer Gestaltung einen bandartigen, sich über die ganze Gußstückbreite erstreckenden An-

legt ist (Fig. 39—52), nur als schematische, aufs äußerste vereinfachte Darstellung aller diesem Grundtypus entsprechenden Gußstücke anzusehen.

3. Die Auffüllung des Formhohlraumes bei idealer Strömung.

Unter den im vorigen Abschnitt entwickelten Voraussetzungen soll nun der Verlauf der Strömungsvorgänge während der Formauffüllung (zunächst wieder unter der Voraussetzung idealer Strömung) untersucht werden. Ebenso wie die Einströmung in einen Sackhohlraum (S. 20) verläuft auch die Auffüllung einer Hohlform bei idealer Strömung in grundsätzlich verschiedener Weise je nach dem Verhältnis des Strahlquerschnittes φ zum Hohlraumquerschnitt F_1 [33]).

a) $\dfrac{\varphi}{F_1} > \dfrac{1}{4}$: Ist $\dfrac{\varphi}{F_1} > \dfrac{1}{4}$, so kommt es überhaupt nicht zur Ausbildung eines stationären Strömungszustandes; vielmehr füllt sich der ganze Formhohlraum

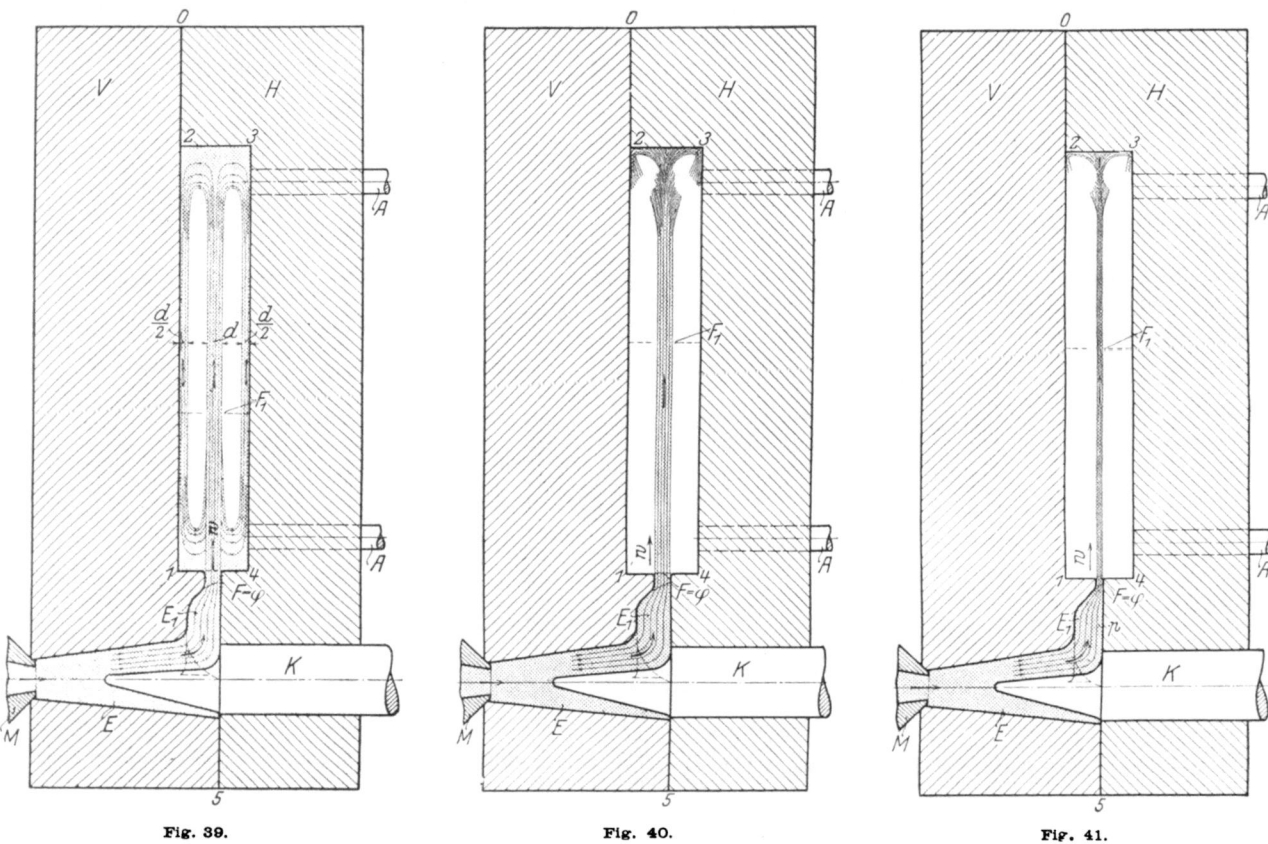

Fig. 39.
Auffüllung der Form bei idealer Strömung.
Strömungsbild im ersten Augenblick des Zusammenfließens der umgelenkten Halbstrahlen mit dem Einlaufstrahl.

Fig. 40-41. Auffüllung der Form bei wirklicher Strömung. — Strömungsverlauf während der Stoßperiode bei hoher Einströmgeschwindigkeit w und verschiedenem Einströmquerschnitt $F = \varphi$.

schnitt erfordern, der so gelegen sein muß, daß (wie in Fig. 39—49) der Strahl den Formhohlraum in zwei Hälften teilt. Jedem Spritzgußfachmann sind aus seiner Praxis zahlreiche derartige Gußstücke bekannt. In allen diesen Fällen ist es geboten, die Formtrennung in der Weise vorzunehmen, daß die Trennfuge aus mehreren gegeneinander versetzten Ebenen besteht, wie in Fig. 31—38. Nur so ist es möglich, die Entlüftungskanäle gegen vorzeitige Absperrung durch den bei Strömungsbeginn expandierenden Strahl (Fig. 28) zu sichern und allen Teilen der Hohlform gleichmäßigen Luftabfluß zu gewährleisten.

Somit ist die Rechteckplatte, die auch den weiteren Untersuchungen des Strömungsvorganges zugrunde ge-

während der Stoßperiode (siehe S. 17 unten und 18 oben) auf. Bei vollkommen störungsfreier, idealer Strömung würde — unabhängig von der Strömungsgeschwindigkeit [34]) — diese Auffüllung in gesetzmäßiger Weise von hinten nach vorn (entgegengesetzt der Richtung des einströmenden Strahles) erfolgen. Bei der wirklichen Strömung ist dagegen, wie weiter unten noch näher ausgeführt wird, eine einigermaßen regelmäßige Formauffüllung bei so großen Strahlquerschnitten nur bei sehr geringer Einströmgeschwindigkeit zu erwarten.

---

[33]) Der Beweis hierfür ist auf S. 40, Fußnote 64, gegeben.
[34]) wenn von der (beim Spritzguß immer geringen) Schwerewirkung abgesehen wird.

b) $\frac{\varphi}{F_1} < \frac{1}{4}$: Wenn der Anschnitt so schwach bemessen wird, daß der Strahlquerschnitt $\varphi < \frac{F_1}{4}$ ist, so sind drei Perioden des Strömungsverlaufes zu unterscheiden:

1. Eine sehr kurz während Stoßperiode, während deren der Strahl erstmalig verzögert und an der Wand 2—3 in zwei Halbstrahlen umgelenkt wird, die in den Ecken 2 bzw. 3 abermals umgelenkt und längs der Wände 2→1, bzw. 3→4 abgeleitet werden. (Bezeichnungen siehe Fig. 39.)
2. Eine Periode gleichförmiger, quasistationärer Abströmung längs der Wände 2→1 und 3→4 bis zur Umlenkung in den Ecken 1 bzw. 4 und zur Begegnung der zwei Halbstrahlen mit dem einlaufenden Strahl (Fig. 39).
3. Die weitere Einströmung von der Begegnung der Halbstrahlen mit dem Einlaufstrahl an bis zur beendigten Formauffüllung.

Die Stoßperiode. Die Stoßperiode dauert um so kürzer und hat um so geringere Bedeutung, je dünner der Strahl ist. Da unter den praktisch gegebenen Verhältnissen bei hohen Strömungsgeschwindigkeiten der Strahl immer sehr dünn bemessen wird (siehe S. 46), soll zunächst für den Fall $\frac{\varphi}{F_1} < \frac{1}{4}$ von einer weiteren Betrachtung der Stoßperiode abgesehen werden.

Die gleichförmige Abströmung längs der Formwände. Nach Beendigung der Stoßperiode bildet sich ein Strömungszustand aus, der fast genau dem auf S. 20 zu Fig. 19 besprochenen gleicht. In Anbetracht der im Verhältnis zur Strahldicke d sehr großen Strahlbreite b (Fig. 31) kann die Strömung in allen nicht unmittelbar an den Strahlrändern liegenden Querschnitten als praktisch zweidimensional betrachtet werden.

An der Wand 2—3 bildet sich ein Stau, dessen Höhe von dem Verhältnis $\frac{\varphi}{F_1}$ abhängt. Aus dem Stau strömt in zwei Halbstrahlen längs der Wände 2→1 und 3→4 in gleichmäßiger, quasistationärer Abströmung ebenso viel Flüssigkeit heraus, als durch den einlaufenden Strahl hineingelangt. Der Stau kann sich somit (ebenso wie in Fig. 19) zunächst nicht vergrößern; alles einlaufende Metall strömt längs der Formwände ab.

Die Strahlbegegnung. Dieser Strömungszustand dauert so lange, bis die beiden Halbstrahlen in den Ecken 1 bzw. 4 umgelenkt werden und wieder dem einlaufenden Strahl begegnen. In Fig. 39 ist das Strömungsbild gerade für den ersten Augenblick dieser Strahlbegegnung dargestellt. Die beiden Halbstrahlen werden von dem einlaufenden Strahl umgelenkt und wieder in den Formhohlraum hinein mitgerissen. Von jetzt an beginnen die beiden Stauzonen bei 2—3 und 1—4 erst zu wachsen und das Innere der Hohlform im eigentlichen Sinne aufzufüllen.

Diese Überlegungen zeigen, daß die so häufig in der Praxis beobachtete Eigenschaft des Metalles, „zunächst an den Formwänden entlangzulaufen", durchaus keine besondere, etwa für den Spritzgußprozeß spezifische Eigentümlichkeit darstellt, zu deren Erklärung (wie in Fig. 7) Hypothesen aufgestellt oder dem Gießmetall Eigenschaften zugeschrieben werden müßten, für die sich keine physikalische Begründung geben läßt. Im Gegenteile ist dieses „An-den-Wänden-Entlanglaufen" in richtig vorgestellter Art und Weise eine Erscheinung, die man gerade auf Grund der einfachsten physikalischen Überlegungen zunächst erwarten muß.

In der Tat wäre es bei reibungs- und verlustfreier Strömung auf keinerlei Art zu vermeiden, daß eine in einen Formhohlraum einströmende Flüssigkeit von einem Strahlquerschnitt $\varphi < \frac{F_1}{4}$ zunächst an den Wänden entlangeilt, bevor sie das Innere des Hohlraumes auffüllt. Wenn die Gießmetalle ideale Flüssigkeiten wären, so wäre demnach (außer beim Hochvakuumprozeß) auch das Einschließen von Luftblasen innerhalb der Spritzgußstücke nicht zu verhindern. Denn die Entlüftungsschlitze würden, wo sie auch immer angebracht wären, von dem zunächst an den Formwänden entlangeilenden Metall verschlossen werden, bevor die Luft aus dem Forminneren Gelegenheit zum Entweichen fände.

Glücklicherweise sind aber die wirklichen Gießmetalle keine idealen Flüssigkeiten und die Strömungsvorgänge mit Reibungs- und Wirbelverlusten behaftet. Nur diesen Umständen ist es zuzuschreiben, daß es unter den beim Spritzguß gegebenen Verhältnissen (bei hohen Strahlgeschwindigkeiten und kurzen Strahlwegen) überhaupt möglich ist, eine Hohlform auszufüllen, ohne Luft darin zu versetzen.

Denn, da die die oben besprochene Erscheinung (das primäre Entlangeilen des Metalles an den Wänden) bei idealer Strömung in der deutlichsten Ausprägung auftritt, ist sie auch bei der wirklichen Strömung um so eher zu erwarten, je mehr sich die Strömungsverhältnisse den idealen nähern. Und umgekehrt kann sie nur dadurch hintangehalten werden, daß die Einströmung so geleitet wird, daß sich der Strömungsverlauf von dem idealen möglichst weit entfernt.

Hierin liegt eine erste praktische Bestätigung der früheren Behauptung (auf S. 22), daß zur richtigen Strahlführung vor allem die Einsicht erforderlich ist, welche Eigenschaften des Strömungsvorganges der idealen Strömung eigentümlich sind und welche den Reibungs- und Wirbelverlusten bei der wirklichen Strömung zuzuschreiben sind.

Bevor jedoch hierauf näher eingegangen werden kann, soll zunächst der wirkliche Strömungsverlauf unter Berücksichtigung der Reibungs- und Wirbelverluste beschrieben werden.

4. Die Auffüllung der Hohlform bei der wirklichen Strömung mit Reibungs- und Wirbelverlusten.

Bei der wirklichen Einströmung mit Reibungs- und Wirbelverlusten nimmt die Auffüllung der Form einen wesentlich verwickelteren Verlauf als bei der idealen. Man kann die dabei auftretenden Strömungsvorgänge am Anfang der Formauffüllung auch wieder in zwei Gruppen einteilen, je nachdem $\frac{\varphi}{F_1} > \frac{1}{4}$ oder $< \frac{1}{4}$ ist. Jedoch unterscheiden sich die Prozesse oberhalb und unterhalb dieses Wertes nicht so grundsätzlich voneinander wie bei der idealen Strömung, sondern sie gehen mit der Annäherung von $\frac{\varphi}{F_1}$ an $\frac{1}{4}$ allmählich ineinander über.

Bei fortschreitender Auffüllung verliert der Wert $\frac{\varphi}{F_1} = \frac{1}{4}$ bei der wirklichen Einströmung vollständig die Bedeutung eines Grenzwertes; die Grenze verschiebt sich, sobald der Formhohlraum bis zu einem bestimmten Grade aufgefüllt ist, ungefähr nach dem Werte $\frac{\varphi}{F_1} = \frac{1}{3}$ hin. Wenn trotzdem auch im nachstehenden die Strömungsvorgänge für $\frac{\varphi}{F_1} > \frac{1}{4}$ und $\frac{\varphi}{F_1} < \frac{1}{4}$ gesondert betrachtet werden, ist dies gemäß dem Obigen nicht als scharfe Abgrenzung, sondern als Angabe ungefährer Größenordnungen zu verstehen.

a) $\frac{\varphi}{F_1} > \frac{1}{4}$: Ist $\frac{\varphi}{F_1} > \frac{1}{4}$, so füllt sich auch bei der wirklichen Einströmung zunächst ein Teil des Formhohlraumes während der Stoßperiode auf. Ist die Einströmgeschwindigkeit w des Metallstrahles groß, so erfolgt diese Auffüllung in äußerst unregelmäßiger Weise unter den heftigsten Wirbel- und Stoßvorgängen. Dabei kann der Strahl (z. B. entsprechend Fig. 11) in regelloser Art auseinanderstieben, ebenso können auch Teile des bereits auf die Formwand aufgeschlagenen Metalles wieder in den Einlaufstrahl zurückgeschleudert werden und ihn zu noch weiterem Zerstieben veranlassen. In Fig. 40 wird versucht, ein Bild dieses Strömungsvorganges (bei hoher Strahlgeschwindigkeit) zu geben, das jedoch nur die Bedeutung eines Anschauungsbehelfes hat.

Infolge der Wirbel- und Stoßvorgänge wird die Strömungsenergie des in den hinteren[35]) Teil des Formhohlraumes eintretenden Strahles fast vollständig aufgebraucht, so daß das Metall zum größten Teile in dem Stau verbleibt, der hierdurch rasch anwächst. Mit wachsendem Stau beruhigt sich der Strömungsvorgang immer mehr, sofern $\varphi < \frac{1}{3} F_1$ ist. Bleibt der Strahlquerschnitt von diesem, für die weitere Auffüllung geltenden Grenzwerte hinreichend weit entfernt, so verläuft schließlich von einer gewissen Staulänge ab die weitere Einströmung ähnlich der im nächsten Abschnitt für $\varphi < \frac{1}{4} F_1$ beschriebenen. Ist $\frac{\varphi}{F_1} > \frac{1}{3}$, so verläuft bei hoher Einströmgeschwindigkeit die ganze Formauffüllung unter heftigem Spritzen, Klecksen und Zerstieben des Metalles.

Offenbar sind Strömungsvorgänge entsprechend der Fig. 40 beim Spritzgußverfahren sehr unerwünscht, da hierbei das Einschließen von Luftblasen im Metall ganz unvermeidlich ist. Daher muß man bei Verwendung hoher Einströmgeschwindigkeit w (also hohen Gießdruckes p) den Strahlquerschnitt φ so bemessen, daß er von dem Werte $\frac{1}{4} F_1$ hinreichend weit entfernt bleibt, damit der zuerst aufgefüllte Teil des Gußstückes nicht blasig wird. Aus weiter unten angegebenen Gründen geht man in Wirklichkeit bei hohem w mit dem Strahlquerschnitt φ unter die hierdurch gegebene Größenordnung meist noch wesentlich herunter.

Bei sehr geringer Einströmgeschwindigkeit sind die oben beschriebenen Strömungsunregelmäßigkeiten nicht zu erwarten. In diesem Falle füllt sich vielmehr, auch wenn $\frac{\varphi}{F_1} > \frac{1}{4}$, der Formhohlraum während der Stoßperiode in einigermaßen regelmäßiger Weise von hinten nach vorn auf. Daher darf man bei niedriger Einströmgeschwindigkeit (in dem auf S. 15 angegebenen Sinne) die Strahldicken beträchtlich größer wählen als bei hoher Einströmgeschwindigkeit.

b) $\frac{\varphi}{F_1} < \frac{1}{4}$: Wenn — wie es bei hohen Strömungsgeschwindigkeiten im Spritzguß praktisch immer der Fall ist — der Anschnitt so schwach bemessen wird, daß der Strahlquerschnitt φ kleiner ist als $\frac{1}{4} F_1$, so verläuft die Auffüllung in wesentlich verwickelterer Art als in dem gleichen Falle bei idealer Strömung.

Zunächst, beim ersten Aufschlag des Metalles auf die Wand 2—3, hat man wieder eine Stoßperiode, die mindestens so lange währt, bis die Umlenkung des Strahles an der Wand 2—3 und in den Ecken 2 und 3 vollzogen ist.

Hierbei muß bei hoher Einströmungsgeschwindigkeit w in jedem Falle zunächst der Strahl zerstieben

---

[35]) Als „vorderer" und „hinterer" Teil des Formhohlraumes sind die dem Anschnitt näher oder von ihm weiter entfernt liegenden Teile bezeichnet.

und die Strömung einen sehr unregelmäßigen Verlauf nehmen. Die Bedeutung dieser Stoßperiode für den ganzen Einströmungsvorgang hängt von der Strahldicke ab, da, je größer $\frac{\varphi}{F_1}$ ist, ein desto größerer Teil des Formhohlraumes in der Stoßperiode aufgefüllt wird und desto größere Unregelmäßigkeiten in der Strömung auftreten. Denn je größer $\frac{\varphi}{F_1}$ ist, desto größere Mengen des auf die Formwandungen aufgeschlagenen Metalles werden zunächst in den Einlaufstrahl zurückgespritzt, wodurch dieser wieder zum Zerstieben veranlaßt wird. Je größer aber die im Formhohlraume umherspritzenden Metallmassen sind, desto mehr und desto heftigere Zusammenstöße erfolgen in der Zeiteinheit, desto stärker sind die Unregelmäßigkeiten der Strömungsvorgänge und desto größer ist die Wahrscheinlichkeit, daß Luft im Metall versetzt wird. Somit kann bei hoher Einströmungsgeschwindigkeit w und großer Strahldicke (insbesondere wenn $\frac{\varphi}{F_1}$ nahe an $\frac{1}{4}$ herankommt) die Auffüllung eines beträchtlichen Hohlraumteiles in einer ähnlichen Art erfolgen, wie sie in Fig. 40 dargestellt ist, so daß der betreffende Teil des Gußstückes mit Luftblasen durchsetzt sein würde.

Ist dagegen der Strahl sehr dünn (Fig. 41), so hat die Stoßperiode nur geringe Bedeutung. Denn einmal gelangt bei gleicher Strahlgeschwindigkeit überhaupt weniger Metall in die Hohlform, bis die Umlenkung vollzogen ist. Außerdem wird bei geringer Strahldicke weniger Metall von den Wänden in den einlaufenden Strahl zurückgeschleudert. Endlich finden, auch wenn der Strahl beim Aufschlag in derselben Weise zerstiebt wie in Fig. 11, doch (pro Zeiteinheit) weniger Zusammenstöße strömender Massen statt als bei dickem Strahl (vergl. Fig. 40 u. 41). Demnach ist bei einem dünnen Strahl die Stoßperiode von kürzerer Dauer, der dabei aufgefüllte Teil des Formhohlraumes kleiner und die Strömung weniger unregelmäßig als bei einem dicken Strahl von der gleichen Geschwindigkeit.

Nach Beendigung der Stoßperiode bildet die Strömung am hinteren Ende des Formhohlraumes einen Stau (Fig. 42 u. 43), dessen Länge nach dem oben Gesagten von $\frac{\varphi}{F_1}$ abhängt und aus dem das Metall zunächst, ähnlich wie bei der idealen Strömung, in zwei an den Wänden 2→1 und 3→4 entlanglaufenden Halbstrahlen wieder herausströmt. Der wesentliche Unterschied des weiteren Strömungsverlaufes bei der wirklichen Strömung gegenüber der idealen liegt jedoch darin, daß die Geschwindigkeit w_h der ablaufenden Halbstrahlen von vornherein wesentlich geringer ist und während des Entlanglaufens an den Wänden 2→1 und 3→4 durch die Reibung noch weiter vermindert wird.

Denn fast unmittelbar nach der Umlenkung verändern die den Formwandungen zunächst benachbarten Stromlinien ihren Lauf, indem sie sich in den Ecken 2 und 3 von den Wandungen entfernen (Fig. 42 und 43), so daß in diesen Ecken eine gewisse Menge „tote Flüssigkeit" zurückbleibt, die nicht an der allgemeinen Strömungsbewegung teilnimmt, sondern Wirbelbewegungen in dem in Fig. 42 u. 43 eingezeichneten Drehsinne vollführt. Diese Wirbel verzehren einen Teil der Strömungsenergie des einlaufenden Strahles[36]), so daß die beiden Halbstrahlen den Stau bei 2 und 3 schon mit verminderter Strömungsenergie verlassen.

---

[36]) Dieser Ausdruck ist physikalisch ungenau, da die Strömungsenergie nicht verzehrt, sondern in andere Energieformen umgesetzt wird; er soll jedoch seiner Einfachheit halber auch im folgenden gebraucht werden, da über seine Bedeutung kein Zweifel entstehen dürfte.

Während sie an den Wänden 2 → 1 und 3 → 4 entlanglaufen, wird ihre Strömungsenergie und damit ihre Geschwindigkeit noch weiter durch die Wandreibung vermindert, deren Einfluß in sehr wirksamer Weise durch die die Zähigkeit des flüssigen Metalles stark vermehrende Abkühlung an den Formwänden gesteigert wird.

Daher fließt bei der wirklichen Strömung aus dem Stau nicht ebensoviel Metall wieder heraus als hereinströmt. Infolgedessen treten die Stromlinien im Stau weiter auseinander (Fig. 44 u. 45); der Stau beginnt sich als Ganzes zu vergrößern. Hierbei bilden sich auch innerhalb des Staues zunächst kleine, mit wachsender Staulänge immer größer werdende Wirbel, die die Strömungsenergie des einlaufenden Strahles in immer stärkerem Maße aufzehren[37]).

Somit wird der Teil des in den Stau hineinströmenden Metalles, der längs der Formwände 2 → 1 und 3 → 4 abfließt (voreilt), immer geringer, der Teil dagegen, der im Stau verbleibt und dabei den Formhohlraum über den ganzen Querschnitt hin auffüllt, immer größer, je mehr sich der Stau selbst vergrößert. Schließlich strömt von einer gewissen (von der Strahldicke d abhängigen) Staulänge l an (Fig. 46/47) gar kein oder (bei sehr dickem Strahl, wenn φ nahezu $= \frac{F}{4}$)[1]) fast gar kein Metall aus dem einlaufenden Strahl mehr in die längs den Wänden ablaufenden Halbstrahlen hinein; die gesamte (oder fast die gesamte) in die Form einströmende Metallmenge verbleibt im Stau, dessen Oberfläche sich nunmehr mit der Geschwindigkeit w_s über den ganzen Hohlraumquerschnitt hin vorwärtsbewegt (Fig. 46 und 47).

Von diesem Augenblicke an eilen dem Stau an den Formwänden nur (oder fast nur) noch die Metallmassen voraus, die bis dahin, solange die bremsende Kraft der Turbulenzreibung im Stau noch geringer war, umgelenkt worden waren und nun infolge ihrer Trägheit weiterfließen. Diese Metallmassen sollen im folgenden als „primär vorgeeilt" bezeichnet werden.

Wenn, wie in dem hier behandelten Beispiel, die Wandungen 2 → 1 und 3 → 4 vollkommen glatt und dem Einlaufstrahl parallel sind, hängt[38]) das weitere Verhalten der primär vorgeeilten Metallmassen vornehmlich von ihrer Dicke d_h ab, die im wesentlichen durch die Dicke d des einlaufenden Strahles bestimmt wird.

Denn auf die beiden Halbstrahlen wirkt von den Wandungen her die Reibung und die Abkühlung ein. Die Reibung verringert die Geschwindigkeit w_h der primär voreilenden Massen. Ihre Wirkung wird sehr wesentlich unterstützt durch die Abkühlung, die die Zähigkeit und damit die Größe der Reibungskraft erhöht. (Siehe auch S. 32.)

Beide Einflüsse wirken um so stärker bremsend auf die Halbstrahlen ein, je geringer ihre Dicke ist. Bei den im Spritzguß bei hohen Strömungsgeschwindigkeiten üblichen Anschnitten (deren Dicke d im allgemeinen einige Zehntel mm bis höchstens 1,5 mm beträgt), sind auch die primär voreilenden Halbstrahlen nur sehr dünn. Ihre Geschwindigkeit w_h wird daher schon auf einer kurzen Strecke so weit vermindert, daß sie geringer wird als die Staugeschwindigkeit w_s[39]), so daß sie schließ-

---

[37]) Die Wirbel im Inneren des Staues sind in allen Figuren durch Stricheln der Stromlinien angedeutet.

[38]) bei einer gegebenen, hohen Einströmgeschwindigkeit w und gegebenen Temperaturen des einströmenden Gießmetalles und der Form.

[39]) Unter der Staugeschwindigkeit soll diejenige Geschwindigkeit w_s (Fig. 46 – 49) verstanden werden, mit der die freie Oberfläche F_s (Fig. 48 u. 49) des Staues in der Richtung von 2 – 3 nach 1 – 4 hin fortschreitet. Bei sehr dünnem Strahl ist w_s nahezu $= w \frac{\varphi}{F_s}$.

lich von dem Stau überholt werden. Soweit sie inzwischen schon zähflüssig geworden waren, werden sie dann durch die heißen, noch vollkommen flüssigen Metallmassen des Staues wieder verflüssigt und durch die (weiter unten näher zu besprechenden) heftigen Wirbelbewegungen im vorderen Teile des Staues mit diesem zu einem einheitlichen Ganzen verschmolzen.

Die Strecke, welche die primär vorgeeilten Metallmassen an den Formwandungen entlanglaufen, bis sie von dem Stau eingeholt werden, soll im folgenden als primäre Voreilung (v_1 in Fig. 48/49) bezeichnet werden.

Ist (bei hoher Einströmgeschwindigkeit w) die Dicke des einlaufenden Strahles d (und somit auch die der Halbstrahlen d_h) groß (Fig. 42, 44 u. 46), so können die Vorgänge in verwickelterer Weise verlaufen. Zunächst ist die Einwirkung der Reibung und Abkühlung dann wesentlich schwächer, so daß die Halbstrahlen eine geringere Bremsung erfahren und die primäre Voreilung in jedem Falle bedeutend größer ist als bei dünnem Strahl. Es ist aber auch möglich (und praktisch eigentlich immer zu erwarten), daß bei großer Strahldicke d_h nicht alles primär vorgeeilte Metall längs den Wandungen 2 → 1 und 3 → 4 weiterströmt, sondern ein Teil des Metalles von den Wandungen abspritzt. Denn je dicker die Halbstrahlen sind, in desto stärkerem Maße treten in ihnen auch während des Ablaufens längs der Wandungen Turbulenzerscheinungen auf, die ein teilweises Auseinanderstieben des primär vorgeeilten Metalles bewirken können.

In diesem Falle läuft ein Teil des primär vorgeeilten Metalles an den Formwandungen weiter entlang, bis er durch die Reibung und Abkühlung gebremst wird, der andere Teil stiebt von den Wandungen ab und wird in den einlaufenden Strahl hineingeschleudert, der hierdurch veranlaßt wird, selbst besenartig auseinanderzustieben. Die weiteren Strömungsvorgänge verlaufen dann so lange höchst unregelmäßig, bis alles primär vorgeeilte Metall, soweit es nicht an den Formwandungen entlangläuft, in den einlaufenden Strahl zurückgespritzt und von diesem wieder in den Stau mit hineingerissen worden ist. Als primäre Voreilung muß man in diesem Falle die Strecke v_1 bezeichnen, auf die die Staulänge angewachsen sein muß, bis alles primär vorgeeilte Metall, soweit es von den Wandungen abspritzt, wieder in den Stau zurückgelangt, soweit es an den Wandungen entlangeilt, vom Stau überholt worden ist. (Fig. 48.)

Ein solcher Strömungsvorgang ist in Fig. 46 schematisch dargestellt. Die Möglichkeit des Zerstiebens der Halbstrahlen ist in Fig. 46 durch die Richtungen der in die primär vorgeeilten Metallmassen eingezeichneten Stromlinien schematisch angedeutet. Das Strömungsbild, das sich beim Eintritt dieses Zerstiebens (und dem daraus folgenden Zerstieben des Einlaufstrahls) einstellen würde, ist nicht gezeichnet worden, denn es würde sehr hypothetischen Charakter haben und gegenüber anderen, das Zerstieben des Strahles darstellenden Strömungsbildern nichts grundsätzlich Neues bringen.

Es ist selbstverständlich, daß jeder Strömungsverlauf, bei dem der Einlaufstrahl auseinanderstiebt und das Metall in unberechenbarer Weise in der Form umherkleckst, wegen der Gefahr des Versetzens von Luft im Metall beim praktischen Spritzgußverfahren höchst unerwünscht ist. Daher vermeidet man ihn, indem man, wie später noch näher ausgeführt werden wird, bei hoher Einströmungsgeschwindigkeit (also bei hohem Gießdruck) den Anschnitt sehr schwach bemißt.

Sobald der Stau die primär vorgeeilten Halbstrahlen überholt hat, verläuft[40]) die weitere Formauffüllung je

---

[40]) bei gleicher Einströmgeschwindigkeit w.

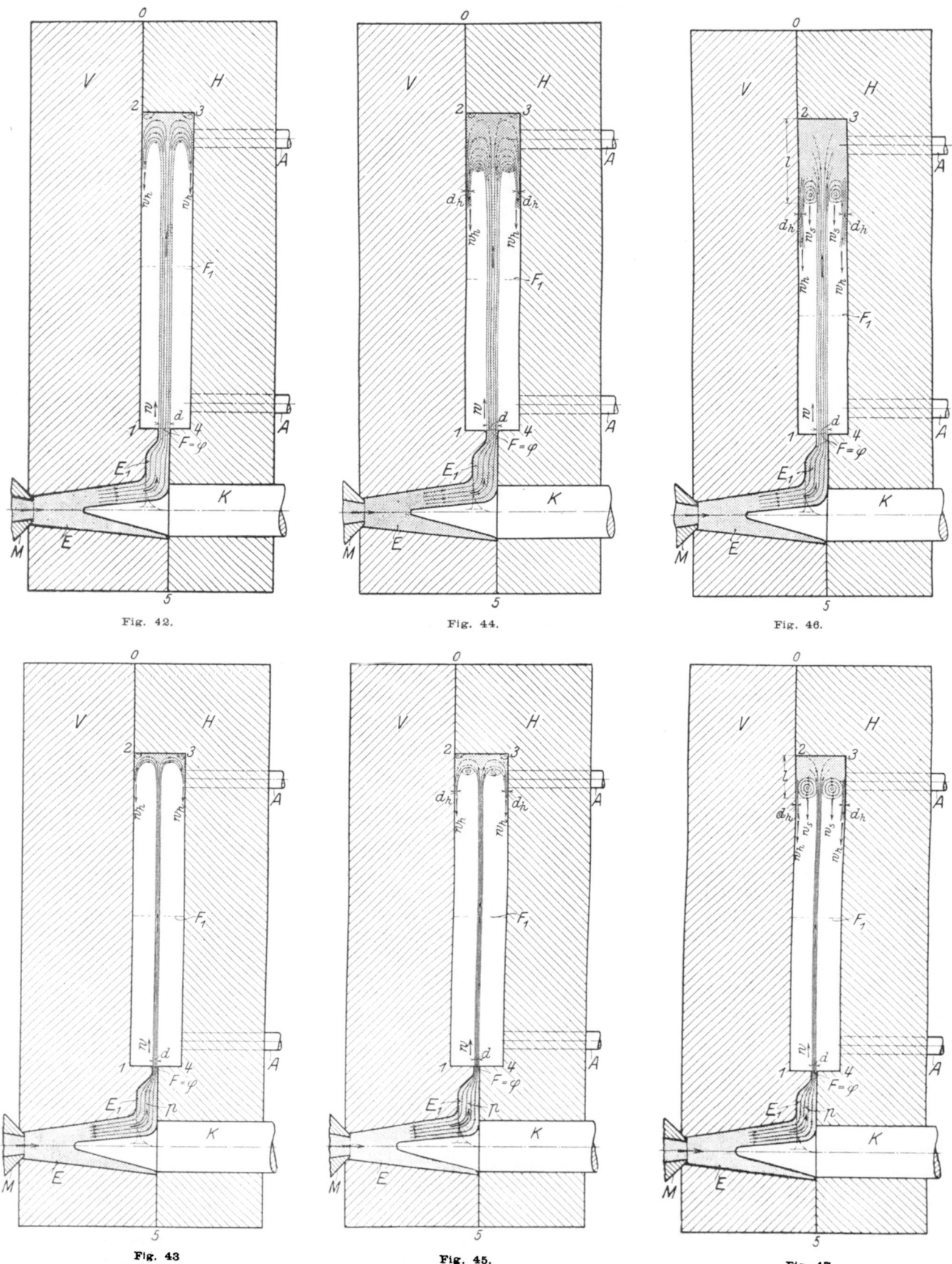

Fig. 42. Fig. 44. Fig. 46.

Fig. 43 Fig. 45. Fig. 47.

Fig. 42—43. Beginn der Auffüllung: Fast alles Metall läuft aus dem Stau wieder heraus.

Fig. 44—45. Die beginnende Wirbelwalzenbildung hält einen Teil des einlaufenden Metalles im Stau zurück. Der Stau wächst.

Fig. 46—47. Die Wirbel halten das ganze (oder fast das ganze) einlaufende Metall im Stau zürück.

Fig. 42—49. Auffüllung der Form bei wirklicher Strömung. Strömungsbilder in verschiedenen Stadien der Auffüllung bei hoher Einströmgeschwindigkeit w für großen Einströmquerschnitt $F = \varphi$ (Fig. 42, 44, 46, 48) und für kleinen Einströmquerschnitt $F = \varphi$ (Fig. 43, 45, 47, 49).

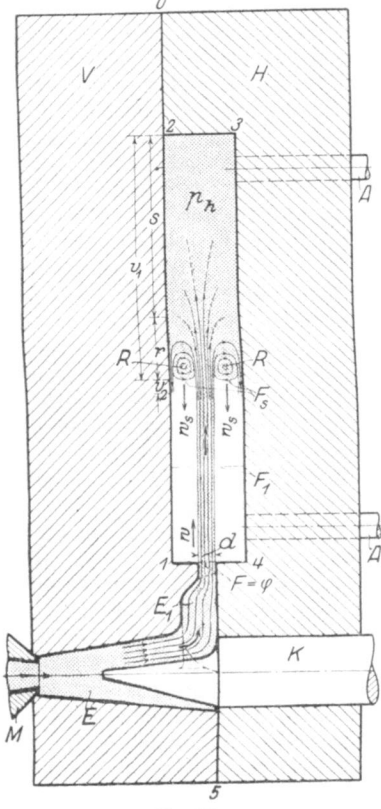

Fig. 48.

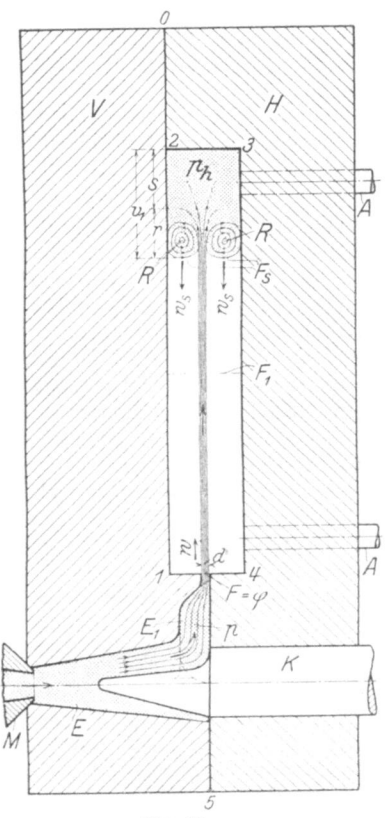

Fig. 49.

Fig. 48 u. 49. Alles vorher an den Formwänden vorausgeeilte Metall ist vom Stau überholt. Stau füllt die Form gleichmäßig mit Geschwindigkeit w_s.

nach der Dicke des einlaufenden Strahles entweder nach Fig. 48 oder 49. Im vorderen Teile des Staues vollführt das Metall ziemlich regelmäßige Wirbelbewegungen, wobei vornehmlich zu beiden Seiten des Strahles zwei Wirbelwalzen zur Ausbildung gelangen, die in diesen und allen weiteren Strömungsbildern mit R bezeichnet sind. Der Kern des Metallstrahles schießt tief in den Stau hinein, wobei seine Stromlinien in der dargestellten Art auseinandertreten. Das Metall gibt jedoch den größten Teil seiner Strömungsenergie schon im vorderen Teile des Staues an die beiden Wirbelwalzen ab. Nur ein verhältnismäßig kleiner Teil der einströmenden Metallmassen gelangt in die weiter hinten liegenden Schichten des Staues, wo seine Geschwindigkeit durch Stoßvorgänge vollends aufgezehrt wird[41]. Offenbar dringt um so mehr Metall tiefer in den Stau hinein, je dicker der Einlaufstrahl ist.

Somit ist, streng genommen, kein noch flüssiges Metallteilchen innerhalb des Staues vollständig in Ruhe, jedoch ist der Bewegungszustand in den verschiedenen Teilen des Staues sehr verschieden. Im vorderen Teile bildet die Strömung Wirbel von sehr großer Wirbelenergie, insbesondere in Gestalt der beiden Wirbelwalzen. Hinter den Wirbelwalzen sind die Wirbelenergie und die Strömungsenergie des flüssigen Metalles nur noch sehr gering, in tieferen Schichten des Staues werden sie vernachlässigbar klein.

Man kann sich daher den ganzen Stau in einem (zwar nicht streng richtigen, jedoch für praktische Zwecke hinreichend genauen) Anschauungsbilde in zwei Zonen unterteilt denken: in eine Wirbelzone (von der Länge r in Fig. 48 u. 49), in der die Strömungsenergie des Metallstrahles zum größten Teile abgebremst wird, und in eine Stauzone (von der Länge s in Fig. 48 und 49), in der das Metall relativ in Ruhe ist und überall unter nahezu demselben hydrodynamischen Drucke p_h steht.

Ist der Strahlquerschnitt φ im Verhältnis zum Hohlraumquerschnitt F_1 hinreichend dünn, so wird die Strömungsenergie durch die Wirbelvorgänge vollständig aufgebraucht, so daß sich der Stau über den gesamten Hohlraumquerschnitt hin nahezu gleichmäßig fortbewegt (Fig. 49). Da, wo der Strahl in den Stau hineinschießt, bilden sich die aus der Beobachtung wohl bekannten Einkerbungen; außerdem weicht das Metall auch von den Formwandungen zurück, da die Kohäsion der Spritzmetalle größer ist als ihre Adhäsion an die Formwand[42].

Ist der Strahlquerschnitt im Verhältnis zum Hohlraumquerschnitt groß (etwa φ gleich oder nur wenig kleiner als $\frac{F_1}{4}$), so ist nicht anzunehmen, daß die Strömungsenergie aller Stromröhren durch die Wirbel völlig aufgezehrt wird. Es ist vielmehr wahrscheinlich, daß dann ständig ein kleiner Teil des einströmenden Metalles aus dem Stau wieder herausfliegt (Fig. 48) und demselben um ein Stück v_2 vorauseilt, das im nachstehenden als sekundäre Voreilung bezeichnet werden soll.

Es sei ausdrücklich bemerkt, daß diese sekundäre Voreilung bisher in der Hydrodynamik noch nicht beobachtet worden ist. Es ist jedoch ziemlich wahrscheinlich und entspricht auch der Anschauung, daß (bei großen Strahlgeschwindigkeiten), wenn $\frac{\varphi}{F_1}$ groß ist, eine solche — freilich diskontinuierliche — sekundäre Voreilung eintritt. Denn dann ist die Strömungsenergie des einlaufenden Strahles groß, die Wirbelwalzen dagegen sind kleiner als bei dünnem Strahl, so daß sie die Strömungsenergie des Strahles nicht vollständig aufnehmen können. Infolgedessen ist es wahrscheinlich, daß einige Stromfäden im Stau eine vollständige Umlenkung erfahren, so daß etwas Metall längs der Formwände, wenn auch mit stark verminderter Geschwindigkeit, aus dem Stau wieder herausströmt.

Es sei hier auch bemerkt, daß die Folgerungen, die sich aus der Annahme einer sekundären Voreilung bei dickem Strahl ergeben, mit den Werkstattsbeobachtungen sehr gut übereinstimmen. Denn die Luftblasen, die sich bei falsch (zu stark) angeschnittenen Spritzgußstücken häufig unmittelbar neben dem Anschnitt an der Oberfläche vorfinden, lassen sich aus dieser Annahme sehr leicht erklären[43]. Trotzdem soll auf den vorläufig hypothetischen Charakter dieser Annahme einer sekundären Voreilung hingewiesen werden.

In diesem Zusammenhange sei noch ein Umstand erwähnt, dessen Verständnis für die Beurteilung der Strömungsvorgänge, insbesondere der Druckverteilung, und für die richtige Leitung des Arbeitsvorganges von

---

[41] In den Strömungsbildern ist angenommen, daß die gesamte Metallmasse im Inneren des Staues noch dünnflüssig ist. Wenn das Gießmetall in der Form schon während der Einströmung teilweise erstarrt, ist nur die jeweils noch flüssige Gußstückmasse als Stau zu betrachten.

[42] wenigstens solange die Form unversehrt ist, d. h. solange sich das Gießmetall nicht angelötet hat.

[43] Über Luftblasen in der Nähe des Anschnittes, jedoch innerhalb des Gußstückes, vgl. später S. 41 Abs. b.

größter Wichtigkeit ist, nämlich das Mitreißen von Luft durch den Metallstrahl in den Stau.

Jeder Flüssigkeitsstrahl führt beim Durcheilen der Luft eine an seiner Oberfläche anhaftende Luftgrenzschicht mit, deren Dicke mit der Länge und Geschwindigkeit des Strahles wächst. Strömt er in ein „Flüssigkeitsbecken" ein, so reißt er diese Luft ein bestimmtes Stück mit hinein. Nimmt der Flüssigkeitsdruck in dem Becken nach dessen freier Oberfläche hin ab, so wird hierdurch die Luft in Form von Blasen alsbald wieder herausgetrieben.

Ein alltägliches Beispiel dieses Vorganges bietet die Einströmung eines Wasserstrahles in ein Glas. Man kann dabei deutlich beobachten, wie die mitgerissenen Luftblasen aus dem Wasser sofort wieder aufsteigen. Den Auftrieb liefert dabei die Abnahme des hydrostatischen Druckes (infolge der Schwere) nach oben hin.

Auch beim Spritzguß[44]) wird die an dem Metallstrahl anhaftende Luftgrenzschicht ein Stück weit in den Stau hineingerissen. Die Wiederaustreibung der Luft aus dem Metallstau erfolgt jedoch in diesem Falle durch den Strömungsdruck[45]); die freie Oberfläche, durch welche die Luftblasen aus dem Metall entweichen müssen, ist die dem Anschnitt zugekehrte Oberfläche F_s des Staues (Fig. 48/49).

Beim Spritzguß sind bei richtiger Strahlführung die Kräfte, die die Luft aus dem Stau wieder heraustreiben, der Größenordnung nach etwa 1000 mal so groß als diejenigen, die eine Luftblase im ruhenden Wasser an die Oberfläche treiben.

Da die Zeitdauer der ganzen Formauffüllung nach Hundertstel bis Zehntel Sekunden rechnet, findet bei richtiger Strahlführung die mitgerissene Luft reichlich Zeit zum Entweichen.

5. Die Begründung der Theorie des Einströmvorganges durch die Erfahrung,

Die im vorigen Abschnitte entwickelte Darstellung des Einströmvorganges, nach der[46]) das Gießmetall erst nach dem Aufschlag vom hinteren Ende des Formhohlraumes her an den Formwänden entlang eilt, bis es durch Reibung und Wirbel daran verhindert wird, steht im Gegensatze zu den in manchen Kreisen der Spritzgußpraxis verbreiteten Anschauungen und kann auf den ersten Blick befremden. Sie wird jedoch durch zahlreiche Beobachtungen auf dem Gebiete der Hydrodynamik sowie der alltäglichen Erfahrung gestützt.

Strömt ein Wasserstrahl mit hoher Geschwindigkeit in ein glattwandiges Gefäß (z. B. ein Wasserglas), so schießt im ersten Augenblicke ein Teil des Wassers längs den Wandungen wieder heraus; hierauf erst beginnt das Glas vollzulaufen, wobei die Strömungsvorgänge zu Anfang noch sehr unregelmäßig sind, sich jedoch mit zunehmender Auffüllung immer mehr beruhigen und schließlich unter Ausbildung bestimmter, regelmäßiger Wirbel an der Oberfläche einen ziemlich gleichmäßigen Verlauf nehmen.

Dieser leicht zu beobachtende Vorgang entspricht qualitativ in allen Abschnitten dem im vorstehenden dargestellten Prozeß der Formausfüllung. Wenn man anerkennt, daß für die Bewegung flüssigen Metalles grundsätzlich die gleichen Gesetze gelten müssen wie für die aller anderen wirklichen Flüssigkeiten, so kann man die Übertragung des eben beschriebenen Strömungsbildes auf die Formauffüllung beim Spritzguß nicht von der Hand weisen.

In quantitativer Beziehung besteht allerdings zwischen schwach überhitzten flüssigen Metallen[47]) und den sonst in der Strömungslehre untersuchten Flüssigkeiten (wie etwa Wasser oder Öl) ein sehr erheblicher Unterschied: Die Zähigkeit[48]) (und damit die innere Reibung) ist bei Wasser oder Öl im Gebrauchszustande viel weniger mit der Temperatur veränderlich als bei den Gießmetallen, bei denen (wegen der Nähe der Gießtemperatur am Schmelzpunkte) schon eine sehr geringe Temperaturveränderung ein sehr beträchtliches Anwachsen der Zähigkeit[48]) (u. U. bis zur vollständigen Verfestigung) mit sich bringt. Dies begründet zwar keine prinzipielle Verschiedenheit der Gießmetalle von anderen Flüssigkeiten, erfordert jedoch quantitativ besondere Berücksichtigung bei der Übertragung allgemeiner Strömungsregeln auf den Gießprozeß in Abschreckformen. Seine wichtigste Äußerung ist der im Vergleich zu anderen Flüssigkeiten weit stärkere Einfluß der Wandreibung auf Metallstrahlen von geringer Dicke.

Eilt ein dünner Metallstrahl (Fig. 43, 45 und 47) an der viel kälteren[49]) Formwand entlang, so wird er durch die Reibung verzögert und gleichzeitig abgekühlt. Durch die Abkühlung wächst seine Zähigkeit und damit die Verzögerung beim Weiterfließen. Hierdurch wird die Zeit, die das Metall zum Durchlaufen einer bestimmten Strecke braucht, und damit zugleich die weitere Abkühlung auf dieser Strecke vergrößert, wodurch die Zähigkeit abermals gesteigert wird. In dieser Weise wirken bei den Gießmetallen in einer Abschreckform Reibung und Abkühlung weit stärker als bei anderen Flüssigkeiten zusammen, eines immer die Wirkung des anderen steigernd. Dabei fällt noch besonders ins Gewicht, daß die der Formwand unmittelbar benachbarte Metallschicht stets mit Sicherheit an der Wand anhaftet. Diese äußerste Schicht erstarrt[50]) während der Strömung des übrigen Metalles zu einem dünnen Häutchen, das mit der Formwand durch den Grat in den Fugen (besonders in der Trennfuge) mechanisch verklammert ist.

Die gesamte Strömungsbewegung eines an der Formwand entlanglaufenden Strahles erfolgt demnach als eine gegenseitige Verschiebung der einzelnen Strahlschichten. Die dabei auftretende Flüssigkeitsreibung erreicht bei dünnem Strahl nach dem oben Gesagten rasch einen sehr hohen Betrag. Demnach wird ein dünner Metallstrahl, der an einer vom Gießmetall noch nicht überströmten (also noch nicht erwärmten) Formwand entlangfließt, durch die gemeinsame Einwirkung der Reibung und Abkühlung schon auf einer verhältnismäßig kurzen Strecke gebremst.

Aus den vorstehenden Ausführungen ergibt sich, von welchen Faktoren die Länge der Strecke v_1 (Fig. 48/49, vergl. S. 29), also die Größe der primären Voreilung, abhängt. Die Wärmemenge, die einem voreilenden Metallteilchen längs einer bestimmten Wegstrecke entzogen wird, ist um so kleiner, je größer seine Geschwindigkeit w_h ist (Fig. 42—47) und je geringer die Differenz zwischen seiner Temperatur und der der Formwand ist.

---

[44]) außer beim Hochvakuumguß.

[45]) genauer gesprochen, durch das Gefälle (den Gradienten) des Strömungsdruckes; siehe S. 39.

[46]) unter der Voraussetzung, daß der Anschnitt den Strahl parallel führt, entsp. Fußnote 31, S. 23.

[47]) Das Gießmetall wird beim Spritzgußverfahren immer mit so niedriger Temperatur, als eben noch möglich, verspritzt. Die Begründung hierfür wird später gegeben.

[48]) bezw. der Dickflüssigkeit, vgl. Fußnote 19 S. 13.

[49]) Die Differenz zwischen der Temperatur des Gießmetalles und der Formwand beträgt zu Beginn der Einströmung:

bei Zinnlegierungen etwa 150° C
„ Zinklegierungen „ 250° „
„ Aluminiumlegierungen „ 450° „
„ Messing „ 700° „

[50]) Dies tritt immer dann mit Sicherheit ein, wenn ein dünner Strahl an einer vom Gießmetall noch nicht überströmten, also noch kalten Formwand entlangfließt, wie es bei den primär voreilenden Halbstrahlen in Fig. 42—47 stets der Fall ist.

Ferner wird seine Zähigkeit durch einen bestimmten Wärmeentzug um so weniger gesteigert, je höher seine Temperatur über dem Schmelzpunkt liegt. Endlich wirken die Reibung und die Abkühlung am stärksten auf die der Formwand unmittelbar benachbarten Schichten; ihre bremsende Wirkung ist somit um so geringer, je größer die Dicke d_h der voreilenden Halbstrahlen ist. Die Geschwindigkeit w_h und Dicke d_h sowie die Temperatur dieser Halbstrahlen hängen aber in jedem Augenblick der Einströmung unter sonst gleichen Umständen vor allem von der Geschwindigkeit w, der Dicke d und der Temperatur des einlaufenden Metallstrahles ab.

Somit ist in einer gegebenen Form bei einer bestimmten Gußlegierung die Voreilung um so größer, je größer die Einströmgeschwindigkeit w, die Dicke d und die Temperatur des einlaufenden Metallstrahles sind und je höher die Formtemperatur liegt.

6. Zusammenfassung der praktisch wichtigsten Tatsachen der Einströmung.

Die in den Fig. 39—49, sowie in den späteren Abbildungen dargestellten Strömungsbilder sind nur als schematische Veranschaulichungen zu betrachten. Insbesondere haben alle in die Strömungsbilder eingetragenen Wirbelstromlinien lediglich symbolische Bedeutung. Sie sollen nur das Vorhandensein von Wirbeln, nicht aber ihren genauen Verlauf anzeigen.

Ferner sind alle die Strömungsvorgänge, die nur vom hydrodynamischen, nicht aber vom spritzgußtechnischen Gesichtspunkte aus wichtig sind, in die Figuren überhaupt nicht eingezeichnet. Hierzu gehören z. B. die Wirbelscharen, die außer den Wirbelwalzen R und den Eckwirbeln noch auftreten, insbesondere an den Formwänden, die aber wegen ihrer geringeren Größe und Wirbelenergie auf den Strömungsverlauf keinen bestimmenden Einfluß ausüben.

Überhaupt ist in den vorstehenden Betrachtungen alles übergangen worden, was nicht unmittelbar der Veranschaulichung des Spritzgußprozesses oder der Gewinnung praktischer Konstruktions- und Werkstattregeln dienen kann. Für diesen rein praktischen Endzweck genügt die Kenntnis der folgenden, in den bisherigen Darlegungen eingehend erklärten Haupttatsachen des Einströmungsverlaufes:

1. Wenn das Gießmetall als parallel gerichteter Freistrahl vom Querschnitt φ mit der Geschwindigkeit w in die Form eintritt, durcheilt es den Formhohlraum bis zum Aufschlag auf eine Wandung in der durch den Anschnitt bestimmten Gestalt und Richtung.

2. Beim Aufschlag in einem Sackhohlraum vom Querschnitt F_1 verläuft die Strömung an der Aufschlagstelle zunächst stoßartig. Diese Stoßperiode währt um so kürzer, je kleiner $\frac{\varphi}{F_1}$ ist. Wenn $1/4 < \frac{\varphi}{F_1} < 1/3$, wird ein beträchtlicher Teil des Sackhohlraumes, wenn $\frac{\varphi}{F_1} > 1/3$, wird der ganze Sackhohlraum unter stoßartigem Strömungsverlauf aufgefüllt.

3. Wenn $\frac{\varphi}{F_1} < 1/3$ ist, bildet das Metall nach Beendigung der Stoßperiode einen Stau, aus dem es zunächst zum Teil wieder heraus- und längs den Formwandungen entgegen seiner Einlaufrichtung ein Stück entlangläuft. Im Stau bilden sich, je größer er wird, um so kräftigere Wirbel, die einen immer größeren Teil des einlaufenden Metalles durch Abbremsung seiner Strömungsenergie im Stau zurückhalten, der hierdurch zunächst immer rascher wächst. (Vergl. Fig. 42/43 und 44/45.)

4. Die Strömungsvorgänge während dieses ersten Teiles der Auffüllung verlaufen um so unregelmäßiger, je größer w und $\frac{\varphi}{F_1}$ sind. Ist $\frac{\varphi}{F_1}$ nur wenig $< 1/3$, so treten bei hohem w sehr heftige Strömungsunregelmäßigkeiten auf.

5. Von einer gewissen Länge des Staues an verbleibt alles (oder fast alles) einlaufende Metall im Stau und füllt, wenn $\varphi < 1/3 F_1$, den Formhohlraum über den ganzen Querschnitt hin gleichmäßig auf, während an den Formwandungen nur noch das bis dahin schon vorgeeilte Metall dem Stau vorausläuft. (Vergl. Fig. 46/47.)

6. Von dem primär vorgeeilten Metall läuft ein Teil an den Formwänden entlang, bis er durch die Reibung so weit verzögert worden ist, daß er vom Stau überholt wird, der andere Teil spritzt von den Wänden ab und in den Einlaufstrahl zurück, der ihn unter Zerstieben wieder in den Stau hineinreißt. Je dicker der Einlaufstrahl ist, desto dicker sind die voreilenden Halbstrahlen und ein desto größerer Teil von ihnen spritzt (bei gleichem w) von der Formwand wieder ab.

7. Die Länge v_1, auf die der Stau angewachsen sein muß, bis das primär vorgeeilte Metall, soweit es an den Wänden entlangläuft, von ihm eingeholt, soweit es abspritzt, in ihn zurückgelangt ist (die primäre Voreilung), ist um so größer, je größer die Dicke d und je höher die Geschwindigkeit w und die Temperatur des einlaufenden Metallstrahles sind, und je wärmer die Form ist.

8. Wenn die Strahlgeschwindigkeit w klein ist, oder wenn bei großem w der Strahlquerschnitt $\varphi < 1/3 F_1$ ist, verläuft die Strömung mit fortschreitender Auffüllung immer ruhiger, wobei in den vorderen Teilen des Staues ziemlich gleichmäßige Wirbelbewegungen stattfinden, während sich der übrige Teil des Staues in verhältnismäßiger Ruhe befindet.

9. Ist dagegen $\frac{\varphi}{F_1} > 1/3$ und zugleich w hoch, so verläuft die Strömung während der ganzen Dauer der Auffüllung sehr unruhig.

10. Durch den Einlaufstrahl wird Luft in den Stau mit hineingerissen, die bei ruhigem Verlaufe der Einströmung durch das Gefälle des Strömungsdruckes sogleich wieder ausgetrieben wird.

Die in dieser Zusammenfassung aufgestellten Behauptungen können im wesentlichen als gesichert angesehen werden.

7. Die Anwendung dieser Einströmungstheorie auf andere Gußstücke.

Die bisherigen Darlegungen gelten zunächst für Spritzgußstücke, deren Gestalt sich im wesentlichen der Grundform einer rechteckigen, in der Mittellinie ihrer Grundfläche mit breitem, dünnem, bandartigen Anguß angeschnittenen Platte nähert. Sie lassen sich jedoch leicht auf zahlreiche andere, in der Praxis häufig vorkommende Fälle übertragen. Im folgenden sollen hierfür zwei Beispiele kurz besprochen werden: a) Dieselbe Rechteckplatte bei seitlicher Lage des Anschnittes (Fig. 50—52), b) ein aus mehreren zusammenhängenden Rechteckplatten von verschiedener Dicke bestehendes (prismatisches) Gußstück (Fig. 53—61).

a) **Seitlicher Anschnitt**: Bei seitlicher Lage des Anschnittes würde bei idealer, reibungs- und verlustfreier Strömung die Formauffüllung in grundsätzlich gleicher Weise vor sich gehen wie auf S. 26 u. 27 besprochen. Auch hier würde (Fig. 50) nach Beendigung der Stoßperiode das gesamte Metall zunächst an den Wandungen entlangeilen, bis es wieder mit dem einlaufenden Strahl zusammentrifft.

In Fig. 50 ist der Strömungsvorgang gerade für den Augenblick dargestellt, in dem das an den Wänden entlanggelaufene Metall mit dem einlaufenden Strahl zusammenfließt. Der ganze Vorgang bietet gegenüber dem auf S. 27 zu Fig. 39 besprochenen nichts Neues.

Auch bei der wirklichen, mit Reibungs- und Wirbelverlusten behafteten Strömung verläuft die Auffüllung im wesentlichen in derselben Weise und in denselben Phasen wie bei der bisher behandelten mittleren Lage des Anschnittes, wobei jedoch im Stau nur eine Wirbelwalze R auftritt (Fig. 51—52).

größert, und zwar treten (unter sonst gleichen Verhältnissen) beide Erscheinungen um so stärker auf, je dünner der Strahl ist. Die Querschnittszunahme ist aus den Fig. 51—52 deutlich zu ersehen.

Ist der Formhohlraum sehr lang und die Form stark gekühlt, so kommt der Strahl im hinteren Ende der Hohlform mit sehr verminderter Geschwindigkeit und entsprechend vergrößertem Querschnitt an, so daß die Auffüllung des hinteren Hohlraumteiles unter wesentlich anderen Bedingungen (namentlich unter anderem Strömungsdruck) vor sich geht als die des vorderen, dem Anschnitt näheren Teiles. Dieser Umstand kann bei dünnwandigen, schwierigeren Gußstücken bedeutungsvoll werden.

Es sei ferner bemerkt, daß der Strömungsvorgang bei seitlichem Anschnitt unter Umständen noch eine weitere Abweichung gegenüber dem bei mittlerem Anschnitt zeigen kann, nämlich ein teilweises Zerstieben des Strahles. Dies muß immer dann eintreten, wenn

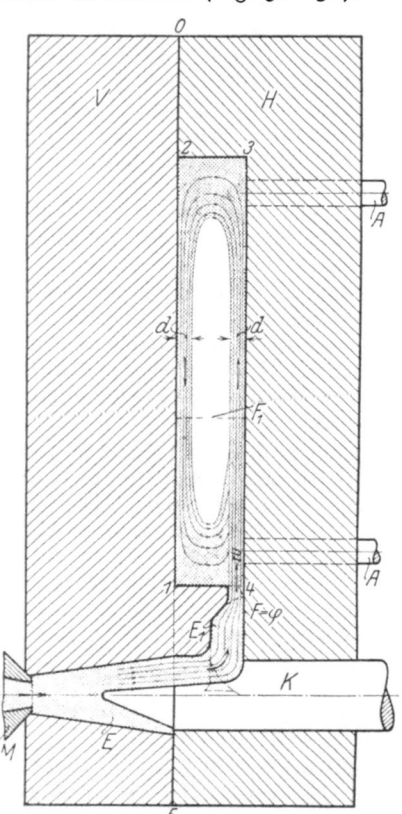

Fig. 50. Auffüllung der Form bei idealer Strömung. Strömungsbild für den ersten Augenblick des Zusammenfließens des umgelenkten Strahles mit dem Einlaufstrahl.

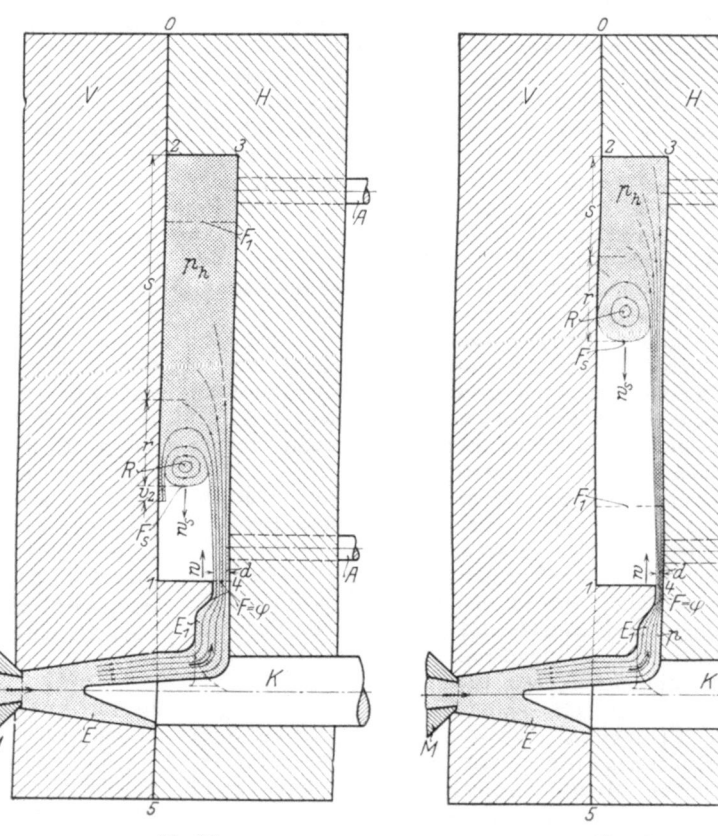

Fig. 51.   Fig. 52.

Fig. 51—52. Auffüllung der Form bei wirklicher Strömung mit hoher Einströmgeschwindigkeit und verschiedenem Einströmquerschnitt.

Nur in einer Beziehung besteht ein grundsätzlicher Unterschied zwischen der Einströmung bei mittlerer und der bei seitlicher Lage des Anschnittes. Während im ersten Fall das Metall als **Freistrahl in den Formhohlraum eintritt**, der bis zum Einschlag in den Stau seine Gestalt und Geschwindigkeit nahezu unverändert beibehält, strömt es bei seitlichem Anschnitt an der Formwand 4→3 entlang. Dabei wird die mittlere Geschwindigkeit des Metallstrahles längs der Strecke 4→3 fortschreitend vermindert und infolgedessen sein Querschnitt entsprechend der Kontinuitätsgleichung[51]) vergrößert.

[51]) Die Kontinuitätsgleichung besagt, daß in einer Stromröhre das Produkt aus $\varphi_n \cdot w_n$ überall konstant ist, wenn φ_n den Strahlquerschnitt, w_n die mittlere Geschwindigkeit an irgendeinem Punkte n bedeutet.

die Formwand 4—3 nicht vollständig glatt und sauber ist; schon geringe Unsauberkeiten durch kleine Oberflächenrisse, Formbelag usw. genügen, um erhebliche Strömungsstörungen zu veranlassen.

Jedoch kann ein teilweises Abstieben des Metalls auch bei ganz glatter, sauberer Formwand dadurch verursacht werden, daß in dem Einlaufstrahl Turbulenzreibung auftritt, da durch die Wirbelbewegungen ein Teil des Metalles aus dem Strahl herausgeschleudert werden kann. Indes erreicht das hierdurch veranlaßte Zerstieben wohl nur in seltenen, besonders ungünstigen Fällen einen solchen Grad, daß es praktisch überhaupt in Betracht kommt; daher ist diese Erscheinung in Fig. 51—52 sowie in den späteren Figuren und Darlegungen im allgemeinen unberücksichtigt geblieben.

Nur angedeutet werde hier, daß die Formkonstruktion bei diesem Gußstück bei seitlicher Lage des Anschnittes wesentlich einfacher wird als bei mittlerer, da die Trennfuge hierbei nicht über mehrere, gegeneinander versetzte Ebenen geführt werden muß. In dem in Fig. 50—52 dargestellten Formschema liegt die

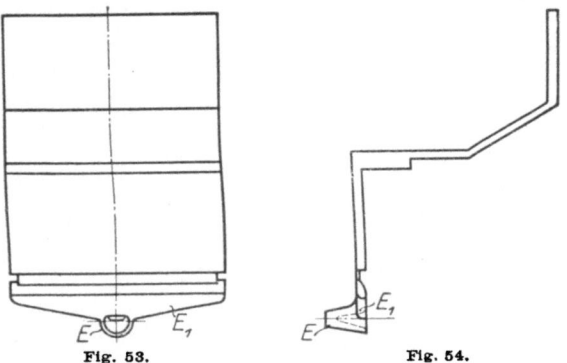

Fig. 53. Fig. 54.
Gußstück mit Eingußzapfen E und Eingußsack E_1.

Trennfuge mit den Entlüftungsschlitzen in der Ebene 0—2—1—5. Dabei wird der einlaufende Strahl dadurch gegen die Trennfuge versetzt, daß der die Vorderseite des Eingußsackes E_1 begrenzende Formteil als ein aus der Vorderplatte V auskragender, in die die Hinterwand und die Seitenwände von E_1 begrenzende Aussparung der Hinterplatte H hineinpassender Klotz ausgebildet ist. Hierdurch ist allen, für die Entlüftung zu stellenden Ansprüchen mit einfachen Mitteln vollkommen Genüge getan.

b) **Die Einströmung in ein aus mehreren Rechteckplatten bestehendes Gußstück.** Wesentlich verwickelter sind die Strömungsvorgänge bei der Herstellung eines aus mehreren Rechteckplatten bestehenden, mehrfache Umlenkung des Strahles bedingenden Gußstückes. In Fig. 53—54 ist ein solches Gußstück mit Einguß dargestellt. Fig. 55—57 zeigen eine schematische Darstellung der Gießform, die die Art der Formtrennung und die Lage der Entlüftungsschlitze erkennen läßt. Die wahrscheinlichen Strömungsvorgänge in verschiedenen Stadien der Auffüllung unter Voraussetzung hoher Einströmgeschwindigkeit w sind in Fig. 58—59 bei dünnem Anschnitt, in Fig. 60—61 bei dickem Anschnitt in schematischer Vereinfachung dargestellt. Fig. 62 zeigt ein Schaubild des Strömungsverlaufes über den ganzen Strahlweg hin für den in Fig. 58—59 dargestellten schwachen Anschnitt. Die Abszissen dieses Schaubildes entsprechen den auf eine gerade Linie abgetragenen Kantenlängen 1—2, 2—3 usw. der Formhohlräume I, II usw. Als Ordinaten sind in das Schaubild (neben dem später zu besprechenden Strömungsdruck) die Größen der Strahlgeschwindigkeit w und des Strahlquerschnittes φ_n an den den Abszissenpunkten entsprechenden Stellen der Hohlform eingetragen[52]).

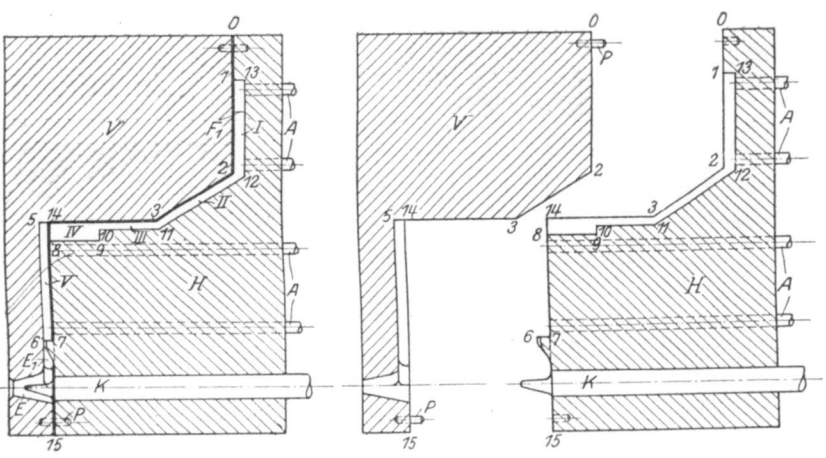

Fig. 55. Geschlossene Form. Fig. 56/57. Geöffnete Form.

Fig. 55—57. Schematische Formskizze für das obige Gußstück (Fig. 53-54) zur Veranschaulichung der Formtrennung und Luftabführung. Die stark ausgezogene Linie ist die Trennfuge.

[52]) Dabei sind die Strömungsvorgänge an den Umlenkungsstellen selbst unberücksichtigt geblieben. Die Kurven für die Strahlquerschnitt, den Strahlgeschwindigkeit, und den Strömungsdruck sind so eingezeichnet, als ob sich die betreffenden Werte bis in die Umlenkstellen hinein in der gleichen Weise veränderten wie auf den von diesen weiter entfernten Strecken und dann in den Umlenkstellen eine plötzliche, sprungartige Veränderung erführen. Diese Vereinfachung ist geboten, weil das Diagramm durch eine Einbeziehung der sehr verwickelten Strömungsverhältnisse in den Umlenkstellen unnötig kompliziert und unübersichtlich werden würde.
Ferner sind im Schaubild Fig. 62 die Längen der Wirbelzonen vernachlässigt worden.

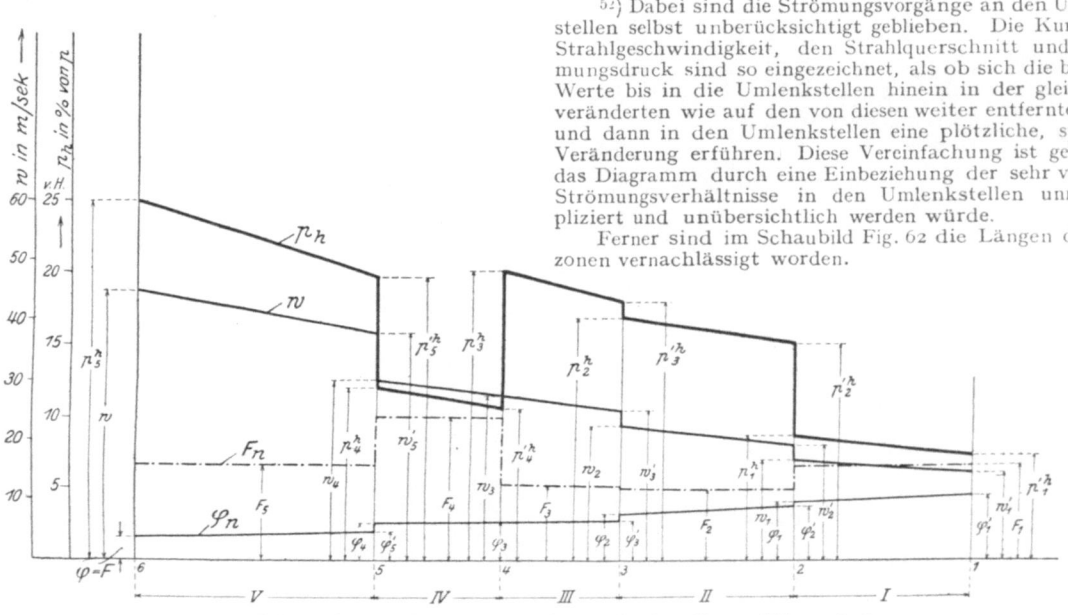

Fig. 62. Schaubild des Strömungsverlaufes in der Form (Fig. 53/54):
Der Strömungsdruck p_h, die Strahlgeschwindigkeit w und der Strahlquerschnitt φ_n sind in Abhängigkeit von der in eine Gerade gestreckten Kantenlänge der Hohlform aufgetragen. Das in einem Abszissenpunkte aufgetragene p_h ist gleich dem Strömungsdruck in dem Augenblicke, in dem der Formhohlraum bis zu dem entsprechenden Punkte aufgefüllt ist.

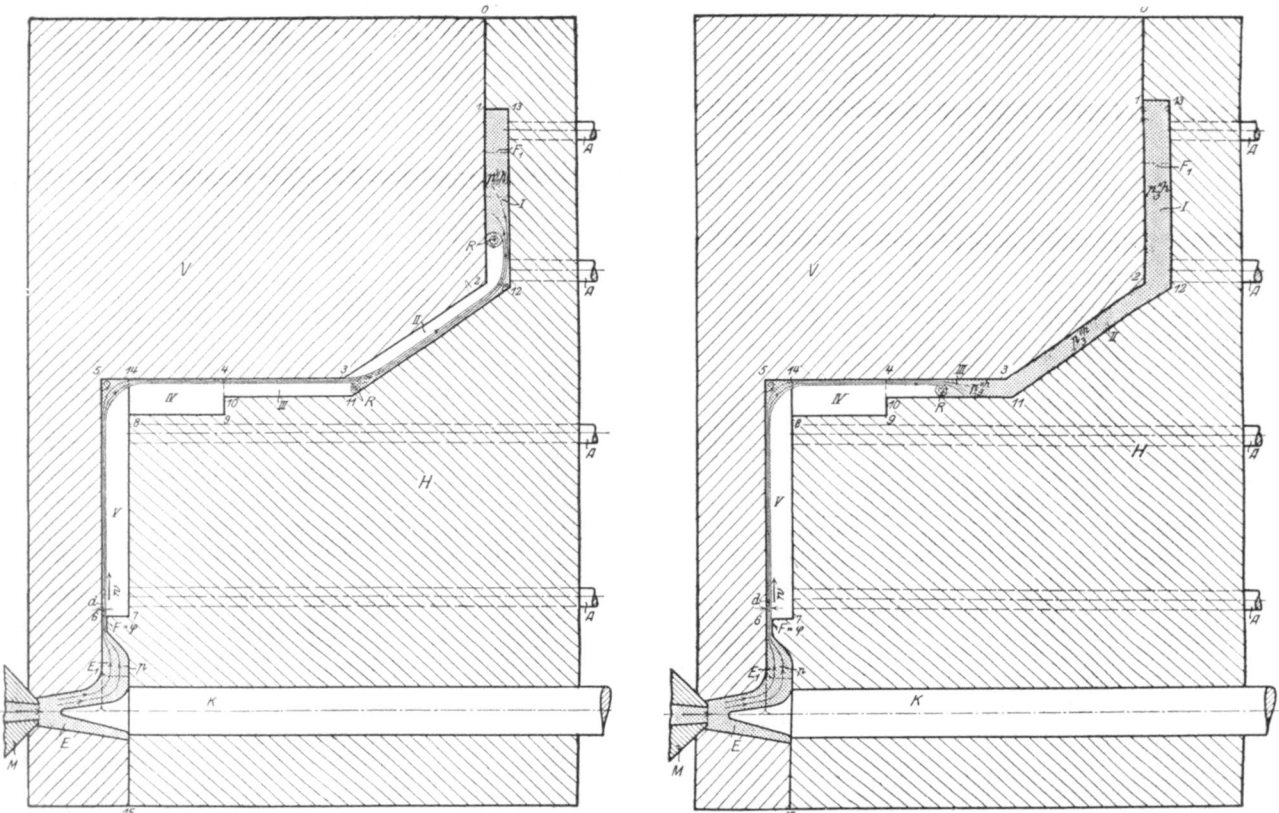

Fig. 58—59. Das Metall füllt die Form gesetzmäßig von hinten nach vorn auf; die Luft kann vollständig entweichen.

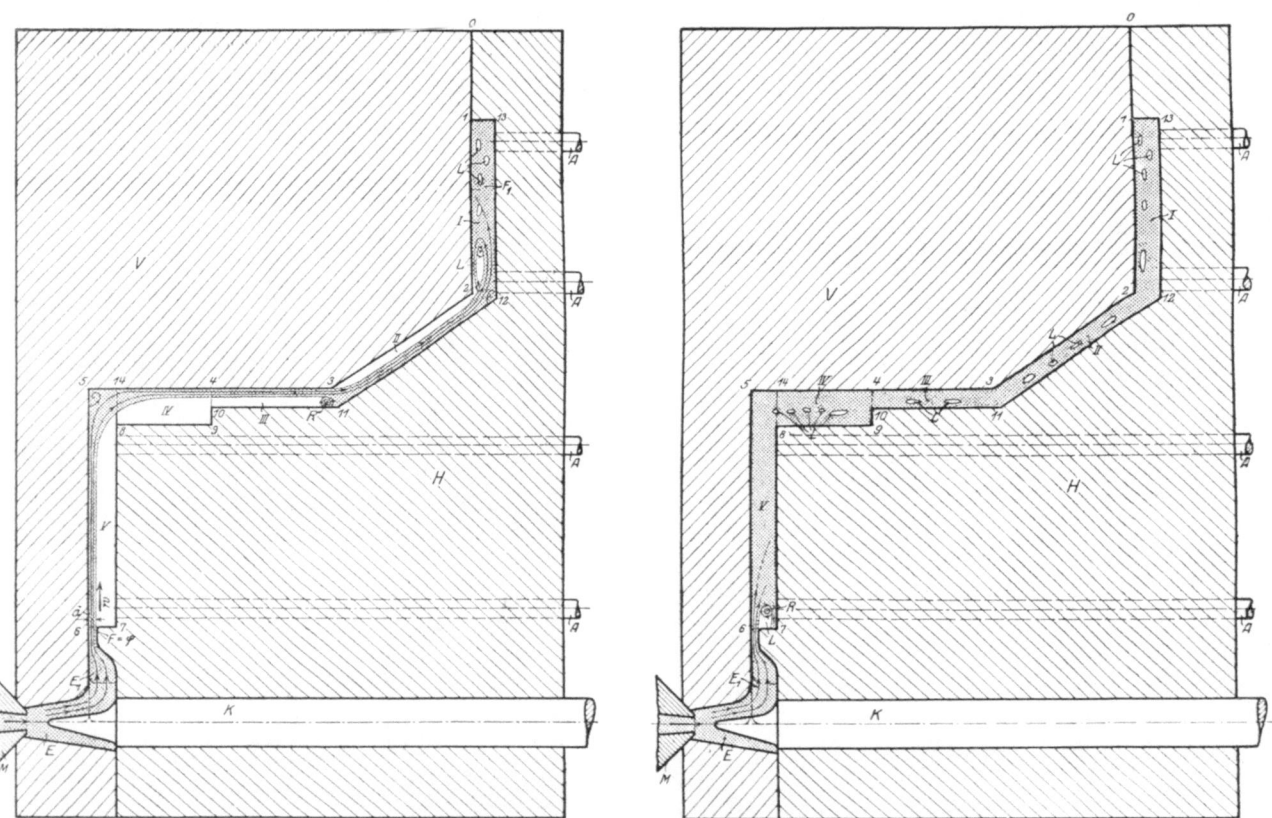

Fig. 60—61. Der zu dicke Strahl füllt einen großen Teil der Form während der Stoßperiode unter heftigen Strömungsunregelmäßigkeiten und versetzt Luft im Metall.

Fig. 58—61.
Vereinfachte Darstellung des Strömungsverlaufes bei der Auffüllung der Form nach Fig. 55—57 mit hoher Einströmgeschwindigkeit w bei schwachem Anschnitt (Fig. 58—59) und bei dickem Anschnitt (Fig. 60—61).

Das teilweise Abstieben von Metall längs $5 \to 3$, $11 \to 12$ und $12 \to 13$ ist nicht berücksichtigt.

Unter den gemachten Annahmen geht die Auffüllung dieser Form (Fig. 58—59) in folgender Weise vonstatten:

Der Strahl eilt bei Beginn der Einströmung an der Formwand 6→5 entlang, wird in der Ecke 5 umgelenkt und fließt längs der Wand 5→3 weiter. An der Kante 3 löst er sich, der Trägheit folgend, von der Wand 5→3 ab und schlägt auf die Wand 11→12 auf. Dort würde er sich bei idealer Strömung in zwei Teilstrahlen zerlegen, von denen der eine längs der Wand 11→12, der andere (wesentlich schwächere) längs der Wand 11→10 fließen würde. Bei der wirklichen Strömung ist jedoch anzunehmen, daß sich der Strahl unter den in Fig. 58—59 gezeichneten Verhältnissen nicht teilt, sondern die ganze Metallmasse längs 11→12 weiterfließt, während sich bei Kante 11 ein sehr kräftiger Wirbel ausbildet. An der Kante 12 wird der Strahl abermals umgelenkt und fließt nun längs der Wand 12→13 in den Sackhohlraum I hinein, an dessen Hinterwand 1—13 er endlich einen Stau bildet, durch dessen Turbulenzreibung (wie früher besprochen) seine Strömungsenergie aufgezehrt wird. Von dieser Wand 1—13 her beginnt nun die eigentliche Auffüllung der Hohlform durch den Stau, die somit, ebenso wie in den früheren einfacheren Beispielen, von hinten nach vorn, entgegengesetzt der Richtung des einlaufenden Strahles erfolgt. Zuerst wird der Hohlraum I aufgefüllt, hierauf II, III usw., bis zuletzt Hohlraum V in der Richtung 5→6 vollläuft.

Allerdings sind in Fig. 58—59 (ebenso wie in Fig. 60—61) die Strömungsvorgänge vereinfacht, gewissermaßen idealisiert dargestellt, da bei dieser Gestaltung des Formhohlraumes wenigstens auf den Strecken 5→3, 11→12 und 12→13 mit einem teilweisen Zerstieben des Strahles gerechnet werden muß. Denn wenn die Strömung auch bis zur ersten Umlenkung bei 5 ohne stärkere Turbulenz verläuft, muß sie doch in dieser sowie in allen weiteren Umlenkstellen durch die dort auftretenden Eckwirbel Störungen erfahren, durch die ein Teil des Metalles aus dem Strahl herausgeschleudert wird. Immerhin kann man annehmen, daß bei richtiger Ausübung des Verfahrens (insbesondere bei richtiger Bemessung der Strahlgeschwindigkeit und des Strahlquerschnittes) die Menge des abspritzenden Metalls im Vergleich zu der längs den Formwänden ablaufenden nur klein ist, so daß dadurch an den Strömungsvorgängen nichts Grundsätzliches geändert wird, insbesondere kein vorzeitiges Abschließen der Entlüftungsschlitze durch das umherspritzende Metall stattfindet. Daher soll auch im folgenden von dieser Erscheinung zunächst abgesehen werden.

Unter dieser Voraussetzung soll jetzt in der Besprechung der Strömungsvorgänge fortgefahren werden. Von besonderem praktischen Interesse ist bei dieser Form die Veränderlichkeit der Strahlgeschwindigkeit und des Strahlquerschnittes längs des Strahlweges.

Da das Metall durchweg an den Formwänden entlangläuft, vermindert sich seine Geschwindigkeit beständig längs jeder Wand und außerdem in jeder Umlenkstelle nahezu sprungartig infolge der dort auftretenden Eckwirbel. Im Schaubild Fig. 62 ist diese beständige Geschwindigkeitsabnahme während der geradlinigen Strömung und die sprungartige Geschwindigkeitsabnahme[53]) bei der Umlenkung zu erkennen, ebenso die entsprechenden Zunahmen des Strahlquerschnittes φ_n.

Wie das Schaubild (Fig. 62) zeigt, gelangt der Strahl an die Hinterwand 1—13 des Sackhohlraumes I mit einer Geschwindigkeit w'_1, die nur $1/3$ der Einströmgeschwindigkeit w im Anschnitt ist, und dementsprechend mit einem Strahlquerschnitt φ'_1, der dreimal so groß ist als der Einströmquerschnitt $\varphi = F$.

Von den praktischen Folgerungen, die sich aus der bisherigen Betrachtung des Einströmvorganges ergeben, sollen hier nur zwei kurz gestreift werden. Näheres darüber wird im nächsten Kapitel ausgeführt werden.

Zunächst ist, um von Anfang an ein ruhiges, gesetzmäßiges Vollaufen der Form zu gewährleisten, unter Rücksichtnahme auf die erwähnte Querschnittszunahme der Anschnitt so schwach zu bemessen (siehe Fig. 58/59), daß der Strahl in den Hohlraum I noch immer mit einem so geringen Querschnitt φ'_1 gelangt, daß nach einer ganz kurzen Stoßperiode die gleichmäßige Auffüllung beginnt[54]).

Ferner ist nach Klarstellung des Strömungsverlaufes die Formtrennung so vorzunehmen, daß die Luft aus allen Formhohlräumen leicht entweichen kann. Bei der in Fig. 58—59 gezeichneten Form erfolgt dies während der Auffüllung der Hohlräume I und II durch die Entlüftungsschlitze in den Trennfugen 1→2 und 2→3 (Fig. 58). Bei der weiteren Auffüllung (Fig. 59) wird die in III und IV befindliche Luft von dem Metall nach V gedrängt, von wo aus sie, ebenso wie hernach die Luft in V selbst, durch die in der Trennfuge 8→7 befindlichen Entlüftungsschlitze entweicht. Diese Art der Luftabführung aus III und II ist wiederum nur möglich, weil der Strahl so dünn ist, daß er trotz der starken Verdickung in der Umlenkstelle 5 noch einen hinreichenden Teil des Querschnittes 5—8 frei läßt. Dieses Beispiel zeigt, wie durch die richtige Bemessung des Strahlquerschnittes und richtige Strahlführung und Formtrennung ein gesundes, dichtes Gußstück erzeugt wird.

Das Gegenbeispiel eines ungünstigen Einströmvorganges zeigen Fig. 60/61, in denen die Auffüllung der gleichen Form dargestellt ist unter der Annahme, daß bei gleicher Einströmgeschwindigkeit w der Anschnitt wesentlich dicker, also der Einströmquerschnitt $F = \varphi$ bedeutend größer ist als in Fig. 58/59. Auch in diesem Falle nimmt beim Durchlaufen der Form die Geschwindigkeit des Strahles ab und der Strahlquerschnitt zu, jedoch nicht in so starkem Maße wie bei dünnem Strahl[55]). Der Strahl kommt in dem Sackhohlraum I mit einem so großen Querschnitt φ_1 an, daß die Auffüllung in sehr unregelmäßiger Weise vor sich geht. Denn entsprechend den Ausführungen auf S. 32/33 und den Fig. 44 und 46 eilt das Metall an der Formwand 1→2 ein beträchtliches Stück primär vor, verschließt dabei die dort befindlichen Entlüftungsschlitze, spritzt dann bei 2 wieder in den einlaufenden Strahl zurück und bringt ihn dabei zum Zerstieben. Somit muß sich im Sackhohlraum I unvermeidlich Luft (L in Fig. 60/61) im Metall versetzen, zumal da es infolge der Dicke des Staues bei 12 nicht möglich ist, daß die nach Abschließen der Entlüftungsschlitze in der Fuge 1→2 noch in I befindliche Luft nach Hohlraum II entweicht. Ebenso erfolgt, da $\varphi_2 > 1/3\, F_2$ ist (Fig. 60), die Auffüllung des Hohlraumes II unter heftigen Stoßvorgängen, wobei gleichfalls Luft versetzt wird. Während der Auffüllung von III und IV ist die Luftabführung durch die große Dicke des Staues in Ecke 5 gefährdet, der bei den geringsten Strömungsstörungen den Querschnitt 5—8 völlig abschließt. Endlich ist bei der Auffüllung des Hohlraumes V auch sekundäre Voreilung, und damit das Versetzen von Luftblasen unmittelbar neben dem Anschnitt (Fig. 61) zu erwarten.

Das Ergebnis dieser falschen Strahlbemessung ist ein undichtes Gußstück mit zahlreichen Lufteinschlüssen.

---

[53]) Siehe Fußnote 52 auf S. 35.

[54]) Denn bei der hohen Einströmgeschwindigkeit w ist auch w'_1 noch so hoch, daß die Auffüllung eines größeren Hohlformteiles in stoßartiger Form vermieden werden muß. (Vergl. S. 33.)

[55]) denn die Wandreibung macht sich vor allem in den der Wand unmittelbar benachbarten Grenzschichten bemerkbar.

Die Fig. 58—61 zeigen an einem typischen Beispiel den Einfluß der verschiedenen, den Erfolg des Spritzgußprozesses bestimmenden Faktoren. Freilich liegt diesem Beispiel ein Gußstück zugrunde, bei dem die Strömungsvorgänge verhältnismäßig leicht zu übersehen sind. Jedoch lassen sich hieraus schon recht weitreichende allgemeine Schlüsse für die Ausübung der Spritzgußpraxis ziehen. Die sinngemäße Anwendung dieser Grundsätze auf schwierigere Aufgaben, wie sie von der Praxis gestellt werden, erfordert in jedem Falle die volle Erfahrung des geübten Spritzgußpraktikers.

C. Die Druckverteilung in der Form.

1. Die Druckverteilung bei idealer, wirbelfreier, stationärer Strömung.

a) Der Zusammenhang zwischen Druck und Geschwindigkeit.

Nachdem die Strömungsvorgänge bei der Formauffüllung untersucht sind, soll jetzt die Größe und Verteilung des Flüssigkeitsdruckes — zunächst wieder für ideale, wirbelfreie, stationäre Strömung — betrachtet werden. Für diesen Fall wird der Zusammenhang zwischen Geschwindigkeit und Druck ganz allgemein gegeben durch die Bernoullische Gleichung, die bei Vernachlässigung der Höhenunterschiede [56]) (und damit der Schwere-Einwirkung) lautet:

$$\frac{p}{\gamma} + \frac{w^2}{2g} = \text{konstant},$$

worin p den Flüssigkeitsdruck in kg/m² (absolut)
w die Strömungsgeschwindigkeit „ m/sec
γ das spezifische Gewicht der Flüssigkeit „ kg/m³
g die Erdbeschleunigung „ m/sec²

an irgendeiner Stelle innerhalb der Strömung bedeuten.

Bei der verlustlosen, stationären Strömung ohne Höhenunterschied ist nach dieser Gleichung die Summe aus Druck- und Geschwindigkeitshöhe an jeder Stelle konstant.

Die Anwendung dieser Gleichung auf die Strömung in geschlossenen Leitungen ist bekannt. In Fig. 63—65 ist die Geschwindigkeits- und Druckverteilung bei einem verhältnismäßig einfachen, verlustlosen Strömungsvorgang veranschaulicht. Fig. 63 zeigt eine Rohrleitung von wechselndem Querschnitt, die von einem unendlich großen, unter dem Flüssigkeitsdruck p_0 stehenden Gefäß ausgeht und an der mit F bezeichneten Stelle ins Freie ausmündet. Das in Fig. 64 gezeichnete Diagramm veranschaulicht die Größe der Druckhöhe $\frac{p_n}{\gamma}$ und der Geschwindigkeitshöhe $\frac{w_n^2}{2g}$ in den verschiedenen Teilen der Leitung; im Schaubild Fig. 65 ist der Geschwindigkeitsverlauf in der Rohrleitung dargestellt. Fig. 64 zeigt in anschaulicher Weise, daß der Druck mit dem Rohrquerschnitt sehr stark zu- bzw. abnimmt; in dem Rohrteile II, dessen Querschnitt F_2 viermal so groß ist wie der Mündungsquerschnitt F, ist der Druck p_2 nahezu gleich dem Druck p_0 im Behälter [57]).

In derselben Weise kann die Bernoullische Gleichung auch auf die Strömungsverhältnisse in einem idealen, stationären Freistrahl (bzw. Strahl mit freier Oberfläche) angewandt werden. (Fig. 66/67). Denn da bei der stationären Strömung — gleichviel ob im Freistrahl oder zwischen festen Wandungen — die Bahnen aller Flüssigkeitsteilchen durch die Stromlinien begrenzt werden, durch die kein Flüssigkeitsteilchen hindurchtritt, kann man beim Fehlen von Wandreibung die Stromlinien als feste Begrenzungen von „Stromröhren" betrachten, in denen die Umsetzung von Geschwindigkeit in Druck in der gleichen Weise erfolgt wie in dem oben besprochenen Leitungsstrang. Ist somit der Verlauf der Stromlinien bei einem bestimmten Strömungsvorgang bekannt, so kann hieraus die Druckverteilung gewissermaßen abgelesen werden.

In Fig. 66/67 ist der gleiche Strömungsvorgang dargestellt wie in Fig. 13/14 im ersten Teile dieses Aufsatzes: die Umlenkung eines Freistrahles an einer senkrechten Wand bei zweidimensionaler Strömung. Auf Seite 19, Abschnitt 4, war darauf hingewiesen, nach welchen

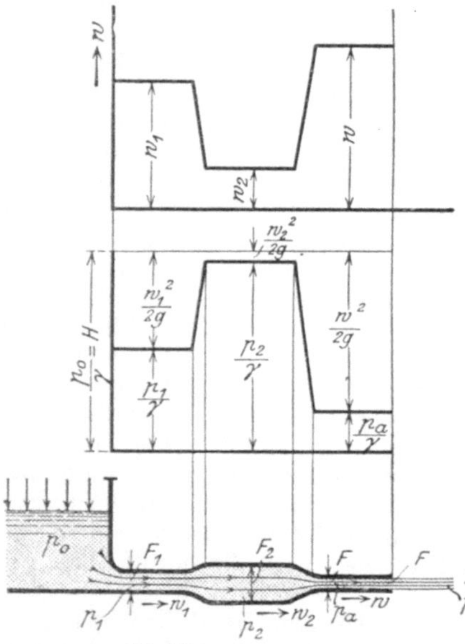

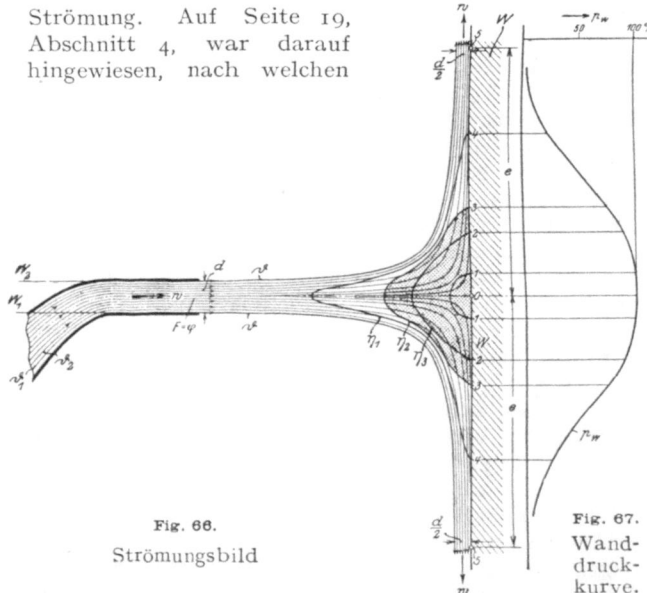

Fig. 65. Schaubild der Geschwindigkeit über die Länge der Leitung hin.

Fig. 64. Schaubild der Geschwindigkeits- und Druckhöhe über die Länge der Leitung hin.

Fig. 63. Schnitt durch Rohrleitung.

Fig. 63—65. Die Verteilung von Geschwindigkeit und Druck in einer Rohrleitung von wechselndem Querschnitt bei idealer Strömung.

Fig. 66. Strömungsbild

Fig. 67. Wanddruckkurve.

Fig. 66 u. 67. Strömungsbild und Druckverteilung bei Umlenkung eines idealen Freistrahles an Wand bei stationärer zweidimensionaler Strömung.

---

[56]) Die Schwerkraft kann beim Spritzguß infolge der geringen Höhenunterschiede gegenüber den riesigen Geschwindigkeitshöhen immer vernachlässigt werden.

[57]) Genau ist $p_2 = p_0 - \frac{(p_0 - p_a)}{16}$; also ist, wenn p_0 groß ist gegen p_a, fast genau $p_2 = \frac{15}{16} p_0$.

Gesetzen der Verlauf der Stromlinien ϑ_n ermittelt werden kann. Dort war auch dargelegt, wie sich aus dem Stromlinienbilde die Geschwindigkeitsverteilung ergibt: Nach der Kontinuitätsgleichung entspricht jeder Querschnittsvergrößerung einer Stromröhre eine Verringerung, jeder Querschnittsverminderung eine Vergrößerung der Strömungsgeschwindigkeit.

Da ferner jeder Geschwindigkeitsabnahme eine Druckzunahme (und umgekehrt) entspricht, ergibt der Verlauf der Stromlinien die Unterlagen für die Anschauung sowie für die genaue Berechnung der Druckverteilung. Überall, wo die Stromlinien auseinandertreten, steigt der Druck an, wo sie sich einander nähern, nimmt er ab. Die zahlenmäßige Berechnung von Druck und Geschwindigkeit kann mittels der Bernoullischen Gleichung leicht ausgeführt werden.

In dieser Art ist für Fig. 66 die Druckverteilung im Stau rechnerisch ermittelt worden. Die Punkte gleichen Druckes sind durch die in den Strömungsbildern mit η_1, η_2, ... bezeichneten Isobaren (Linien gleichen Druckes) verbunden. Die Größe des Druckes auf jeder Isobare ist aus der Wanddruckkurve (Fig. 67) ersichtlich. Nach dieser Kurve tritt der höchste im Stau überhaupt mögliche Druck im Aufschlagpunkte o auf. Dieser, als „Staudruck" p_{max}[58]) bezeichnete Druck ist gleich dem Gießdruck p[58]), der in der Druckkammer auf die Flüssigkeit einwirken muß, um ihr die Ausströmgeschwindigkeit w zu erteilen; es ist

$$p_{max} = p = \gamma \cdot \frac{w^2}{2g} \quad \text{[58])}.$$

In Fig. 67 ist der Wanddruck p_w längs der Wand W in Prozenten des Staudruckes p_{max} aufgetragen. Die Kurve zeigt, daß der Wanddruck vom Aufschlagpunkte o aus nach beiden Seiten hin zunächst verhältnismäßig langsam abnimmt. Innerhalb des ganzen von der Isobare r_2 begrenzten, dunkler gefärbten Staubereiches steht die Flüssigkeit unter einem Drucke, der gleich oder größer ist als 75 vH des Gießdruckes p.

In ganz analoger Art sind die Isobaren Fig. 68/69 ermittelt; in Fig. 68 steht innerhalb des durch die Isobare η_1 abgegrenzten Staubereiches die Flüssigkeit unter einem Drucke, der gleich oder größer ist als 75 vH des Gießdruckes p.

b) Das Druckgefälle und seine Bedeutung für den Gießprozeß.

Außer der Höhe des Flüssigkeitsdruckes ist auch seine räumliche Verteilung von besonderer Wichtigkeit, da die Austreibung von Fremdkörpern (besonders Luft- und Gasblasen) aus dem Metall von ihr abhängt. Auf jeden in einer Flüssigkeit von räumlich veränderlichem Drucke befindlichen Fremdkörper wirkt je Volumeneinheit eine Kraft in der Richtung und von der Größe des größten Druckabfalles je Längeneinheit[59]), des Druckgefälles (Druckgradienten) an der betreffenden Stelle. Sind die Druckgradienten überall in der Flüssigkeit nach der freien Oberfläche hin gerichtet, so werden hierdurch Fremdkörper von geringerem spezifischen Gewicht aus der Flüssigkeit ausgetrieben, und zwar um so schneller je größer die Druckgradienten sind und je spezifisch leichter der Fremdkörper ist.

Da beim Spritzguß[60]) das Mitreißen von Luft in das gestaute Metall während der Einströmung nicht zu vermeiden ist[61]), hängt die Dichtheit und Blasenfreiheit der Spritzgußstücke wesentlich davon ab, ob bei der Zähflüssigkeit des Metalles und der geringen verfügbaren Zeit die Druckverteilung im Stau ein rechtzeitiges Heraustreiben dieser Luftblasen aus dem Metall gewährleistet. Daher soll jetzt die räumliche Druckverteilung während der Einströmung – zunächst wieder für reibungsfreie, ideale Strömung – untersucht werden.

In allen Flüssigkeiten wirkt zunächst immer ein durch den Höhenunterschied verursachter Druckgradient (infolge der Schwere) von unten nach oben, der in ruhenden Flüssigkeiten die Luft- und Gasblasen veranlaßt, an die Oberfläche zu steigen. Dieser kommt jedoch beim Spritzguß nicht in Betracht, bei dem die freie Oberfläche F_s des Metallstaues (d. h. die dem Anschnitt zugewandte Oberfläche), nach der hin die Luftblasen entweichen müssen, meist nicht oben liegt, sondern je nach der Lage des Anschnittes irgendwie seitlich oder unten. (Letzteres ist in fast allen gezeichneten Beispielen der Fall.)

Daher muß im Stau (außer dem Schwerkraftdruck) ein Druck wirken, dessen Gradienten die des Schwerkraftdruckes weit überwiegen und nach der freien Oberfläche F_s des Staues gerichtet sind. Hierfür kommt nur der Strömungsdruck in Betracht, dessen Verteilung jetzt untersucht werden soll.

In den Fig. 68/69 sind das Strömungsbild und die Druckverteilung dargestellt, die sich bei idealem Strömungsverlaufe bei der stationären Einströmung eines Freistrahles in einen Sackhohlraum ergeben. Wie auf S. 20/21 dargelegt wurde, bildet sich in diesem Falle im Grunde des Sackhohlraumes ein Stau, dessen Länge, die von dem Verhältnis des Strahlquerschnittes φ zum Hohlraumquerschnitt F_1 abhängt, sich zeitlich nicht ändert, da das einlaufende Metall längs den Seitenwandungen $2 \to 1$ und $3 \to 4$ in zwei Halbstrahlen wieder abfließt (Fig. 68).

Die mit ϑ_1, ϑ_2, ... bezeichneten Kurven stellen die Stromlinien dar, die Isobaren sind mit η_1, η_2 .... bezeichnet. Die Richtungen des größten Druckgefälles (des Druckgradienten) stehen in jedem Punkte auf der durch ihn gehenden Isobare senkrecht. Die Druckgradienten in allen in den Ebenen A—B und A'—B' liegenden Punkten liegen in diesen Ebenen und sind der Einlaufrichtung des Strahles parallel und entgegengesetzt gerichtet. Fig. 69 zeigt den Verlauf des Strömungsdruckes in der Ebene A—B (bzw. A'—B') — als Überdruck — über die Staulänge hin. Das Druckgefälle wächst vom hinteren Ende des Sackhohlraumes nach der freien Oberfläche F_s des Staues hin sehr erheblich, d. h. eine Luftblase wird mit um so größerer Beschleunigung aus dem Stau herausgedrängt, je näher sie seiner freien Oberfläche liegt[62]). Die hierbei auftretenden Beschleunigungen sind bei den im Spritzguß üblichen Einströmungsgeschwindigkeiten sehr erheblich; bei den in den Fig. 68/69 zugrunde gelegten Verhältnissen liegt das Druckgefälle in vorderen Teile des Staues in der Größenordnung von mehreren Atmosphären je Zentimeter (gegenüber dem Druckgefälle von einer Atmosphäre je 10 Meter in ruhendem Wasser).

2. Die Druckverteilung bei der wirklichen Einströmung mit Reibungs- und Wirbelverlusten.

a) Der Zusammenhang zwischen der Strömungsgeschwindigkeit und dem Strömungsdruck in der Stauzone.

---

[58]) Staudruck, Gießdruck und Wanddruck sind hier als Überdrücke einzusetzen.

[59]) Diese Definition des Druckgradienten ist nur dann streng richtig, wenn die Längeneinheit und damit auch die Volumeneinheit unendlich klein gewählt wird.

[60]) Außer beim Hochvakuumprozeß.

[61]) Siehe S. 32.

[62]) Bei idealer Strömung müßte eine solche Luftblase entweder von vornherein in der Flüssigkeit enthalten gewesen sein oder künstlich hereingebracht werden, da ein Mitreißen von Luft bei idealer stationärer Strömung nicht stattfinden würde.

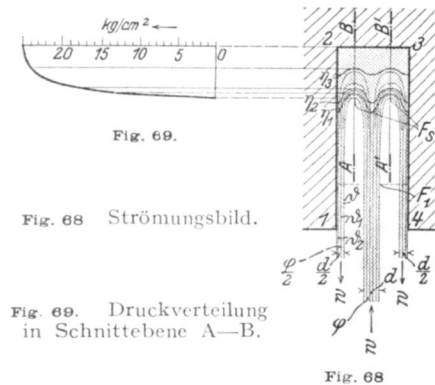

Fig. 68 Strömungsbild.

Fig. 69. Druckverteilung in Schnittebene A—B.

Fig. 68—69. Strömungsbild und Druckverteilung bei Umlenkung eines idealen Freistrahles in Sackhohlraum bei zweidimensionaler Strömung[63]).

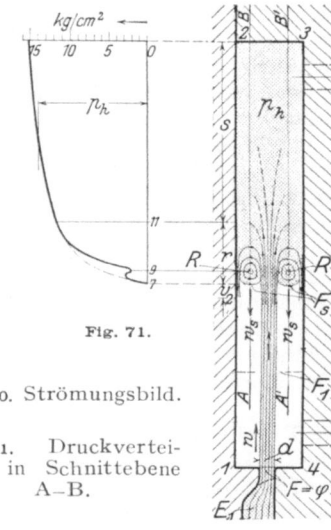

Fig. 70. Strömungsbild.

Fig. 71. Druckverteilung in Schnittebene A—B.

Fig. 70—71. Strömungsbild und Druckverteilung bei wirklicher Einströmung in Form mit hoher Geschwindigkeit w und dickem Anschnitt.

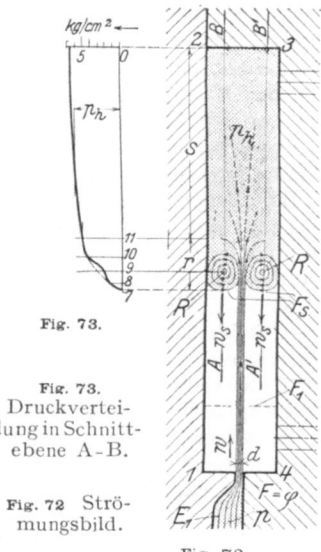

Fig. 73. Druckverteilung in Schnittebene A-B.

Fig. 72 Strömungsbild.

Fig. 72—73. Strömungsbild und Druckverteilung bei wirklicher Einströmung in Form mit hoher Geschwindigkeit w und dünnem Anschnitt.

Auch bei der wirklichen Einströmung bildet sich zunächst, sobald sich der quasistationäre Zustand eingestellt hat, eine ähnliche Druckverteilung aus, wie bei der verlustfreien Strömung. Sobald jedoch die Wirbelbildung einsetzt und der Stau zu wachsen beginnt, ändert sich die Art der Druckverteilung. Nach dem früher (auf S. 31) Gesagten kann man sich dann den Stau in zwei Zonen unterteilt denken (Fig. 70 u. 71), die Wirbelzone (von der Länge r), in der die Strömungsenergie des einlaufenden Strahles zum größten Teile aufgezehrt wird, und die Stauzone (von der Länge s) in der das flüssige Metall fast vollständig in Ruhe ist.

Zunächst soll der Druck in der Stauzone untersucht werden. Der Druck verteilt sich über den beaufschlagten Querschnitt F_1 schon in mäßiger Tiefe sehr gleichmäßig. Man kann daher annehmen, daß der Strömungsdruck in der Stauzone über den ganzen Querschnitt hin nahezu konstant ist, so daß er aus dem Impulssatz[64]) leicht berechnet werden kann.

---

[63]) Das Strömungsbild Fig. 68 ist absichtlich verzerrt dargestellt. Um die Druckverteilung über die Staulänge hin deutlich zu machen, ist die Staulänge im Vergleich zu den übrigen Abmessungen vergrößert.

[64]) Aus dem Impulssatz folgt auch der Beweis für die auf S. 179 aufgestellte Behauptung, daß bei idealer Strömung, wenn $\frac{\varphi}{F_1} > \frac{1}{4}$, bei wirklicher Strömung, wenn $\frac{\varphi}{F_1} > \frac{1}{3}$ ist, die Auffüllung des ganzen Formhohlraumes in der Stoßperiode erfolgt. Denn nach dem Impulssatz ist bei idealer Strömung, bei der die Flüssigkeit mit der Einlaufgeschwindigkeit w aus dem Stau wieder abströmt, der mittlere Strömungsdruck im Stau

$$p_h = 4 \frac{\varphi}{F_1} \gamma \frac{w^2}{2g}.$$

Bei der wirklichen Strömung ist unter den im Text gemachten Voraussetzungen

$$p_h = 2 \frac{\varphi}{F_1 - \varphi} \gamma \frac{w^2}{2g}.$$

Hieraus folgt, daß, wenn

bei idealer Strömung $\frac{\varphi}{F_1} > \frac{1}{4}$,

bei wirklicher Strömung $\frac{\varphi}{F_1} > \frac{1}{3}$

ist, der mittlere Druck in der gestauten Flüssigkeit größer wird als der „Staudruck"

$$p_{max} = \gamma \frac{w^2}{2g}.$$

Wenn man voraussetzt, daß die gesamte einlaufende Flüssigkeit im Stau verbleibt (Fig. 49, 52, 72), ergibt sich der gesamte Aktionsdruck P, den der Strahl vom Querschnitt φ und der Geschwindigkeit w auf den Stau ausübt, zu

$$P = \varphi \cdot \frac{F_1}{F_1 - \varphi} \cdot \frac{\gamma}{g} \cdot w^2,$$

worin P in kg
γ ,, kg/m³
φ und F_1 ,, m²
w ,, m/sec
g ,, m/sec² einzusetzen sind.

Aus der Annahme gleichmäßiger Druckverteilung über den Querschnitt F_1 ergibt sich der hydrodynamische Flüssigkeitsdruck p_h in der Stauzone (als Überdruck) zu

$$p_h = \frac{P}{F_1};$$

somit ist

$$p_h = \frac{\varphi}{F_1 - \varphi} \cdot \frac{\gamma}{g} \cdot w^2 \text{ kg/m}^2 \text{ (Überdruck).}$$

Wenn, wie es beim Spritzguß meistens der Fall ist, der Strahlquerschnitt φ im Vergleich zum Hohlraumquerschnitt F_1 sehr klein ist, so kann diese Formel mit hinreichender Annäherung zu dem Ausdruck

$$p_h = \frac{\varphi}{F_1} \cdot \gamma \cdot \frac{w^2}{g} \text{ kg/m}^2 \text{ (Überdruck)}$$

vereinfacht werden, der im folgenden immer verwandt werden soll.

Wenn der Strahl, wie in den Beispielen in Fig. 70 und 72 ohne alle Verluste[65]) aus dem Anschnitt unmittel-

---

Dies ist jedoch nur möglich während der Stoßperiode, in der (z. B. beim ersten Aufschlage eines Strahles auf eine Wand) in der gestauten Flüssigkeit Drücke auftreten können, die den „Staudruck" weit übersteigen. Dagegen ist dies bei stationärer (oder quasistationärer) Strömung nicht möglich. Hieraus folgt, daß, wenn $\frac{\varphi}{F_1}$ die angegebenen Grenzen übersteigt, der ganze Formhohlraum während der Stoßperiode ausgefüllt wird.

[65]) Bei der wirklichen Strömung ist dies natürlich im strengen Sinne nie der Fall, da wenigstens im Anschnitt stets Verluste auftreten. Von diesen Anschnittverlusten soll jedoch im folgenden abgesehen werden.

bar in den Stau gelangt, ist die Geschwindigkeit w, mit der er in den Stau hineinschießt, gleich

$$w = \sqrt{2g \cdot \frac{p}{\gamma}},$$

worin p den Gießdruck (Überdruck) in der Druckkammer bezeichnet. Somit ist in diesem Falle

$$p_h = 2 \frac{\varphi}{F_1} p.$$

Bei komplizierteren Gußstücken, bei denen die Geschwindigkeit des Strahles vor dem Einschlag in den Stau durch Umlenkungen und Wandreibung verringert wird, ist der Strömungsdruck wesentlich geringer.

Der Strömungsdruck tritt in ähnlicher Weise überall auf, wo strömendes Metall in einem Sackhohlraum gestaut wird. Da nun die ganze Aussparung einer Spritzgußform nichts anderes ist, als eine Anzahl von mehreren miteinander ein- oder mehrfach zusammenhängenden Sackhohlräumen, bei deren Auffüllung sich das Metall staut, steht jeder Teil des Formhohlraums, während er volläuft, unter dem entsprechenden Strömungsdruck. Dieser wirkt wie ein hydrostatischer Druck während der ganzen Dauer der Auffüllung in dem gestauten Metall nach allen Seiten hin und hält zugleich das Metall in allen in die jeweilige Stauzone einmündenden schon aufgefüllten Formhohlräumen unter dem gleichen Druck, soweit es noch flüssig ist. Wenn die Strömungsgeschwindigkeit groß genug ist, preßt er das Metall in alle Ecken und noch so feinen Aussparungen der Form hinein, auch wenn diese an einer zur Einströmrichtung parallelen Wandung liegen. Es ist notwendig, dies ausdrücklich auszusprechen, da man gelegentlich der Anschauung begegnet, der Strömungsdruck wirke in voller Höhe nur in der Einströmrichtung.

Die Größe dieses Strömungsdruckes im gestauten Metall kann bei verwickelten Gußstücken während der Auffüllung verschiedener Hohlraumteile sehr verschieden sein. Näheres hierüber wird im 3. Abschnitt dieses Kapitels ausgeführt. Zuvor soll noch die Druckverteilung in der Wirbelzone betrachtet werden.

b) Die Druckverteilung in der Wirbelzone.

Bei der wirklichen Einströmung unterscheidet sich die Druckverteilung im vorderen Teile des Staues (in der „Wirbelzone") sehr wesentlich von der idealen. Da der Druck in der Stauzone auf der Strecke s nur wenig abnimmt (Fig. 70—73), erfolgt fast der ganze Druckabfall[66]) in der Wirbelzone auf der Strecke r. Der Strömungsdruck nimmt jedoch in diesem Falle vom Innern der Flüssigkeit nach außen hin nicht überall kontinuierlich ab in der Weise, daß das Druckgefälle (der Druckgradient) an jedem Punkte unter allen Umständen nach der freien Oberfläche hin gerichtet ist, wie bei der idealen Strömung. Die Druckverteilung erfährt vielmehr durch die Wirbel eine Komplikation, die jetzt näher erörtert werden soll.

Befindet sich ein Wirbel in einer Flüssigkeit, die außerhalb des eigentlichen Wirbelbereiches unter einem überall gleichmäßigen Drucke steht, so nimmt in dem Wirbelbereich der Druck von den äußeren Wirbelschichten nach der Wirbelachse hin beständig ab, so daß alle Druckgradienten nach der Wirbelachse hin gerichtet sind, in der ein Druckminimum herrscht.[67])

Befindet sich jedoch der Wirbel (wie die Wirbelwalzen R und alle sonstigen im gestauten Gießmetall auftretenden Wirbel) in einer Flüssigkeit, die (auch außerhalb der eigentlichen Wirbelbereiche) unter einem räumlich ungleichmäßigen Drucke steht, so bildet sich eine Druckverteilung aus, deren Verlauf aus den Fig. 71 und 73 ersichtlich ist, die den Druckverlauf in den Schnittebenen A—B der Fig. 71 und 73 über die Strecken s und r hin darstellen.[68])

Der Druck nimmt in diesem Falle vom Inneren der Flüssigkeit nach der freien Oberfläche F_s hin nicht mit stetig wachsendem Gefälle ab; die Kurve des Druckverlaufes (Fig. 71 und 73) erfährt vielmehr in den Wirbelbereichen eine Störung, die bei geringer Wirbelenergie eine mehrmalige, ziemlich starke Richtungsänderung derselben (Fig. 73), bei hoher Wirbelenergie die Ausbildung eines relativen Druckminimums bewirken kann (Fig. 71).

Im ersten Falle sind die Druckgradienten gegenüber der idealen Verteilung zwar auf der Strecke 10—9 stark vergrößert, auf der Strecke 9—8 stark verringert, jedoch überall nach der freien Oberfläche F_s hin gerichtet, so daß sie die Luftblasen aus dem Metall austreiben.

Im zweiten Falle kann jedoch Luft, die einmal in das Wirbelinnere hineingelangt ist, nicht mehr daraus entweichen.

Somit bedeuten die Wirbel, die zur Verhinderung der Voreilung sehr nützlich, sogar unentbehrlich sind, für die Austreibung der Luft aus dem Gießmetall eine Gefährdung. Erscheint mit Rücksicht auf den ersten Umstand ein vom idealen möglichst verschiedener Strömungsverlauf als günstig, so ist im Hinblick auf den letzteren eine weitgehende Annäherung an die ideale Druckverteilung erwünscht. Es gilt also, bei der Leitung des Einströmvorganges die richtige Mitte zwischen diesen, einander widersprechenden Anforderungen zu finden.

Die kinetische Energie der Wirbel pro Volumeneinheit ist um so größer, je größer die Strahlgeschwindigkeit und der Strahlquerschnitt sind.

In dem Stau besitzen die Wirbelwalzen R, die den größten Teil der Strömungsenergie des einlaufenden Strahles aufzehren, die größte Wirbelenergie. Wird bei hoher Strahlgeschwindigkeit auch der Strahlquerschnitt φ groß gewählt, so müssen sich in den Wirbelwalzen R Druckminima bilden, in die ein Teil der vom Einlaufstrahl mitgerissenen Luft hineingesaugt wird. Diese Luft verbleibt in den Kernen der Wirbelwalzen, durchwandert mit ihnen den Formhohlraum bis zur Vorderwand 1—4 und bildet so im Gußstück die (bei zu stark angeschnittenen Stücken in der Praxis wohl bekannten) Luftblasen in der Nähe des Anschnittes.

Die Wirbel, die der Einlaufstrahl in den hinteren Schichten des Staues verursacht, sind wegen ihrer geringeren Wirbelenergie von minderer Bedeutung. Haben sich jedoch dort zu Beginn der Einströmung durch heftige Stoßvorgänge (bei zu starkem φ) stärkere, auch während der weiteren Auffüllung durch ihre Trägheit fortdauernde Wirbel gebildet, so wird die darin eingeschlossene Luft mit großer Wahrscheinlichkeit zurückgehalten, da bei dem geringen Gefälle des Strömungsdruckes in den hinteren Stauschichten jeder Wirbel von irgend beträchtlicher Energie mit Sicherheit ein relatives Druckminimum erzeugt.

---

[66]) Dieser gesamte Druckabfall vom Strömungsdruck p_h bis zum Atmosphärendruck ist wohl zu unterscheiden von dem Druckgefälle an jedem einzelnen Punkte, d. h. dem Druckgradienten.

[67]) Eine idealisierte Darstellung eines solchen Wirbels liefert der kombinierte Rankinewirbel, der aus einem inneren „echten" („starren") Wirbelkern und einer äußeren, den „Strudel" bildenden Potentialwirbelzone zusammengesetzt gedacht wird.

[68]) In anderen, zu A—B parallelen Schnitten weicht der Druckverlauf wesentlich von dem in Fig. 71 und 73 dargestellten ab.

3. Der Strömungsdruck in einer verwickelteren Form.

Der Strömungsdruck, unter dem ein Teilhohlraum einer verwickelteren Form während seiner Auffüllung steht, hängt ab von seinem eigenen Querschnitt und von der Geschwindigkeit und dem Querschnitt des ihn auffüllenden Metallstrahles. Diese Größen sind in verschiedenen Teilen der Hohlform sehr verschieden, je nach der Gestalt des Gußstückes und den Strömungsverlusten des Strahles beim Durcheilen der Form. Dementsprechend stehen auch die verschiedenen Teile einer Hohlform während ihrer Auffüllung unter Strömungsdrücken von verschiedener Höhe.

Nach seiner Ausfüllung steht jeder Teilhohlraum, solange das Metall in ihm noch flüssig ist, unter dem Strömungsdrucke jedes nach ihm vollaufenden, mit ihm in Flüssigkeitsverbindung stehenden Teilhohlraumes, so daß jedes einmal gestaute Metallteilchen bis zu seiner Erstarrung zeitlich aufeinanderfolgenden Drücken von verschiedener Höhe unterworfen ist.

Als Beispiel hierfür soll wieder das in Fig. 53/54 dargestellte Gußstück dienen. Die Strömungsvorgänge bei seiner Herstellung, die (bei richtig bemessenem Strahlquerschnitt) für zwei Zeitpunkte der Auffüllung in Fig. 58/59 dargestellt sind, sind auf S. 35—37 schon eingehend besprochen worden.

Aus den in das Schaubild Fig. 62 eingetragenen Werten der Hohlraumquerschnitte, der Strahlquerschnitte und der Strahlgeschwindigkeiten für alle Stellen der Hohlform kann mittels der Formel auf S. 40, leicht die Größe der Strömungsdrücke p_h berechnet werden, die während des Auslaufens der einzelnen Hohlraumteile auftreten.

Zu Beginn der Einströmung herrscht im Hohlformteil I der Strömungsdruck[69])

$$p'^h_1 = \frac{\varphi'_1}{F_1} \cdot \gamma \cdot \frac{w'^2_1}{g},$$

der während der Auffüllung von I infolge der Zunahme der Strahlgeschwindigkeit längs 1→2 bis auf

$$p^h_1 = \frac{\varphi_1}{F_1} \cdot \gamma \cdot \frac{w^2_1}{g}$$

ansteigt. Bei Beginn der Auffüllung von II springt er

---

[69]) Bei dieser Berechnung sowie bei der in das Schaubild Fig. 62 eingetragenen p_h-Kurve sind die Längen der Wirbelzonen vernachlässigt worden, da hierdurch die Berechnung sehr vereinfacht wird und die Vernachlässigung praktisch nicht ins Gewicht fällt.

infolge der plötzlichen[70]) Änderung aller ihn bestimmenden Größen auf

$$p'^h_2 = \frac{\varphi'_2}{F_2} \cdot \gamma \cdot \frac{w'^2_2}{g},$$

um dann, während des Vollaufens von II, wieder beständig anzusteigen. In dieser Weise vollzieht sich auch der weitere Druckverlauf; — immer unter allmählichem Anwachsen des Druckes während der Ausfüllung eines Hohlraumteiles und unter sprunghafter Änderung beim Beginn der Auffüllung des folgenden. Am Ende der ganzen Formausfüllung springt der Druck von

$$p_5^h = \frac{2\varphi}{F_5}\left(\gamma \cdot \frac{w^2}{2g}\right)$$

auf den Gießdruck p[71]) (bzw. den Nachdruck p_s), der so lange auf die noch flüssigen Gußstückmassen einwirkt, bis das Metall im Anschnitt erstarrt ist.

Die in der angegebenen Weise berechneten Werte von p_h sind in v.H. des Gießdruckes p in Abhängigkeit von der jeweils aufgefüllten Hohlformlänge in das Schaubild Fig. 62 eingetragen (als am stärksten ausgezogene Kurve), das in anschaulicher Weise den Wechsel des Strömungsdruckes während der Auffüllung zeigt. Wie aus dem Schaubilde ersichtlich ist, beträgt in diesem Falle der Strömungsdruck p'^h_1 zu Beginn der Auffüllung etwa 7,5 vH, der höchste überhaupt auftretende Strömungsdruck p_5^h [72]) (am Ende der Auffüllung von V) etwa 25 vH des Gießdruckes p in der Druckkammer.

Bei dünnwandigen Stücken, die schon während des Auslaufens erstarren, ist vor allem derjenige Druck von Wichtigkeit, der in jedem Hohlraumteil während seiner eigenen Auffüllung entsteht, da dieser dann als Anpressungs- und Verdichtungsdruck dienen muß. Bei dickwandigen, längere Zeit flüssig bleibenden Stücken ist dagegen für jeden Hohlformteil auch der geschilderte zeitliche Druckwechsel wichtig; bei solchen, die so dickwandig sind, daß sie auch nach vollendetem Auslaufen noch weitgehend flüssig sind, kann, wenn der Anschnitt genügend kräftig ist, um nicht sofort zu erstarren, auch der Nachdruck von Bedeutung werden.

---

[70]) Siehe S. 35 Fußnote 52.
[71]) Der Druckstoß infolge der plötzlichen Totbremsung der bewegten Metallmassen kann in diesem Falle vernachlässigt werden, da diese (abgesehen von der sehr geringen Metallmenge im Anschnitt) nur sehr wenig kinetische Energie besitzen. (Siehe S. 23/24.)
[72]) In diesem Falle ist das Verhältnis

$$\frac{\varphi}{F_1} = \frac{1}{8}$$

gewählt worden. (Siehe Fig. 58, 59.)

III. DIE PRAKTISCHE AUSWERTUNG DER UNTERSUCHUNG DES EINSTRÖMVORGANGES.

A. Die Bedeutung der Einströmungsgrößen für den Erfolg des Spritzgußverfahrens.

1. Strömungsdruck und statischer Nachdruck.

Zur Erzielung dichter Gußstücke muß das Metall mit einer gewissen Mindestgeschwindigkeit in die Form eintreten, in der Form unter einem Flüssigkeitsdrucke von einer bestimmten Höhe und räumlichen Verteilung stehen und die Hohlform in einer solchen Weise auffüllen, daß alle darin befindliche Luft entweichen kann.

Über die Mindestgeschwindigkeit ist bereits auf S. 15 ausführlich gesprochen worden, so daß hier nicht weiter darauf eingegangen zu werden braucht.

Der Flüssigkeitsdruck, der während der Einströmung als Strömungsdruck p_h, nach beendigter Auffüllung als statischer Nachdruck p_s auf das Gießmetall in der Form übertragen wird, hat drei Aufgaben zu erfüllen: Er muß

1. das Gießmetall zur vollständigen, genauen Formausfüllung zwingen,
2. die während der Auffüllung in das gestaute Metall hineingelangte Luft heraustreiben,
3. das Metall während der Erstarrung verdichten.

Von diesen drei Aufgaben muß die erste meistens, die zweite immer von dem Strömungsdruck erfüllt werden, während die dritte je nach der Gestalt des Gußstückes entweder dem Strömungsdruck oder dem statischen Nachdruck zufallen kann.

Denn der Widerstand des Gießmetalles gegen die scharfe Ausfüllung der Hohlform ist um so größer, je größer im Augenblicke der Anpressung seine Zähigkeit und die Dicke seiner bereits erstarrten Außenhäutchen sind. Würde das Metall die

Form während des Einströmens zunächst nur ungefähr ausfüllen und erst nach beendigter Einströmung durch den Nachdruck zur genauen und vollständigen Ausfüllung aller Ecken und Aussparungen gezwungen werden, so würden hierzu infolge der inzwischen erfolgten Abkühlung (namentlich des zuerst eingeströmten Metalles) bei den meisten Gußstücken so hohe Drücke erforderlich sein, wie sie beim Spritzguß für gewöhnlich nicht zur Verfügung stehen. Erfolgt dagegen die Anpressung durch den Strömungsdruck, der auf jedes Metallteilchen fast unmittelbar einwirkt, nachdem es an seinen Platz in der Hohlform gelangt ist, so ist der Widerstand des Metalles gegen die scharfe Formausfüllung nur gering, so daß schon ein verhältnismäßig niedriger Strömungsdruck als Anpressungsdruck hinreicht. Daher ist es in jedem Falle zweckmäßig, die Einströmgeschwindigkeit mindestens so hoch zu wählen, daß sie zur Bestreitung des zur Anpressung während des Einströmens erforderlichen hydrodynamischen Druckes hinreicht.

Die Herausdrängung der in den Metallstau hineingelangten Luft aus dem Gießmetall kann überhaupt nur durch den Strömungsdruck erfolgen, da die Luftblasen aus dem gestauten Metall nur während der Einströmung und nur durch einen räumlich ungleichmäßig verteilten Druck hinausgedrängt werden können. Der statische Nachdruck, der erst nach beendigter Auffüllung, und dann auf alle noch flüssigen Gußstückmassen in gleicher Höhe einwirkt, kann die in deren Innerem noch enthaltenen Luftblasen wohl auf ein kleineres Volumen zusammendrücken, kann sie jedoch nicht mehr heraustreiben.

Nur die Verdichtung des Metalles während der Erstarrung kann je nach der Gestalt des Gußstückes entweder durch den Strömungsdruck oder durch den statischen Nachdruck bewirkt werden. Maßgebend für die eine oder andere Möglichkeit ist es zunächst, ob die Gußstückmassen schon während des Auslaufens zum großen Teile so weit erstarren, daß sie den statischen Nachdruck nicht mehr übertragen können, oder ob sie, abgesehen von den Außenhäutchen, im wesentlichen bis zur beendigten Auffüllung hinreichend dünnflüssig bleiben. Der erste Fall liegt vor bei dünnwandigen, sperrigen, verwickelten Gußstücken, bei deren Herstellung das Gießmetall infolge zahlreicher Umlenkungen und großer Berührungsflächen mit den Formwandungen sehr rasch abgekühlt wird. Der zweite Fall ist bei dickwandigen, massigen und klobigen Gußstücken gegeben, bei deren Herstellung das Metall während der Formauffüllung nur einer verhältnismäßig geringen Abkühlung durch die Formwände ausgesetzt ist.

Somit ist (bei einer bestimmten Gußlegierung) vor allem die Gestalt des Gußstückes dafür bestimmend, ob der statische Nachdruck überhaupt Gelegenheit findet, auf die Hauptmassen des Gußstückmetalles einzuwirken. Man kann geradezu, wie es oben schon geschehen war, die Spritzgußstücke unter diesem Gesichtspunkte in dünnwandige, sperrige und starkwandige, klobige einteilen. Wenn dieser Einteilung auch eine gewisse Willkür anhaftet, da sie sich relativer Begriffe bedient und überdies die in der Praxis vorkommenden Gußstücke alle möglichen Zwischenformen zwischen diesen beiden Grenztypen aufweisen, ist sie doch praktisch von sehr großer Bedeutung. Denn wie später gezeigt wird, kann der Spritzguß je nach der Gestalt des Gußstückes auf verschiedene Verfahrensarten ausgeübt werden, so daß man bei jedem Gußstück, welcher Gruppe man es zurechnen und nach welcher Verfahrensart man es herstellen will.

Nur erwähnt soll hier werden, daß die Wirkungsmöglichkeit des statischen Nachdruckes außer von der Gestalt des Gußstückes auch von der Form und Lage des Anschnittes abhängt. Denn wenn der Nachdruck eine bestimmte Zeit lang auf die Gußstückmassen einwirken soll, muß der Anschnitt so bemessen sein, daß das darin befindliche Metall nach beendigter Einströmung während dieser Zeit hinreichend dünnflüssig bleibt, um einen hydrostatischen Druck übertragen zu können. Ferner muß, wenn ein Gußstück aus mehreren massiven, durch schwachwandige Stege miteinander verbundenen Teilen besteht, der Anschnitt an alle diese Teile in hinreichender Stärke herangeführt werden, da sich der Nachdruck durch die schwachen, vorzeitig erstarrten Stege hindurch nicht fortsetzen könnte.

Nach dem Bisherigen ist die Wirksamkeit des statischen Nachdruckes auf eine ganz bestimmte Gruppe von Gußstücken, und auch bei diesen nur auf eine von den drei dem Flüssigkeitsdruck obliegenden Aufgaben (nämlich die Verdichtung) beschränkt, während für alles übrige nur der Strömungsdruck p_h in Betracht kommt. Hieraus geht zur Genüge hervor, wie wichtig es für den Erfolg des Arbeitsprozesses ist, den Einströmvorgang so zu leiten, daß überall in der Hohlform zu jeder Zeit der Strömungsdruck die erforderliche Höhe und Verteilung hat.

Die Höhe des Strömungsdruckes ist (siehe S. 40/41) in jedem Teile der Hohlform, während er selbst ausläuft, von seinem Querschnitt sowie von der Geschwindigkeit und dem Querschnitt des ihn auffüllenden Strahles abhängig; nach Beendigung seiner eigenen Auffüllung steht er, solange er selbst noch flüssig ist, unter dem Strömungsdrucke des jeweils vollaufenden, mit ihm in Flüssigkeitsverbindung stehenden Hohlformteiles. Der hydrodynamische Druck kann also in verschiedenen Teilen der gleichen Hohlform während ihrer Auffüllung und an einer und derselben Stelle zu verschiedenen Zeiten sehr verschieden sein. Je dünnwandiger und verwickelter ein Gußstück ist (je bälder also jedes Metallteilchen, nachdem es gestaut worden ist, erstarrt), desto wichtiger ist für jeden Hohlformteil die Höhe des Strömungsdruckes während seiner eigenen Auffüllung.

Da für ein bestimmtes Gußstück die Querschnitte der einzelnen Hohlformteile fest gegeben sind, stehen als wählbare Größen zur Erzielung eines bestimmten Strömungsdruckes zunächst nur die Einströmgeschwindigkeit w und der Einströmquerschnitt $F = \varphi$ zur Verfügung. Daher müssen beide so bemessen werden, daß der Strömungsdruck in allen Teilen der Hohlform zur Erfüllung der ihm gestellten Aufgaben hinreicht.

Indes sind diese beiden Größen nicht frei wählbar, sondern in der Weise voneinander abhängig, daß einem hohen Werte der einen ein niedriger der anderen entspricht, so daß sie nur in enger Abhängigkeit voneinander bestimmt werden können. Der Grund hierfür liegt in dem Zusammenhange zwischen dem Einströmungsverlaufe und der Luftabführung, der erst näher betrachtet werden soll, bevor die praktischen Richtlinien für die Strahlführung bei den verschiedenen Gußstücktypen besprochen werden.

Nur angedeutet sei hier, daß bei einer bestimmten Gußlegierung die Höhe des Strömungsdruckes in den verschiedenen Teilen der Hohlform außer durch die Größen w und F auch noch durch die Metall- und Formtemperatur beeinflußt wird, da die Strömungsverluste des Metallstrahles beim Durcheilen der Form, und somit seine Geschwindigkeit und sein Querschnitt an jeder Stelle der Hohlform sehr beträchtlich von diesen Größen abhängen. (Vergl. S. 32 und S. 34.)

2. Einströmvorgang und Luftabführung.

Wenn, wie es in den weitaus meisten Fällen geschieht, die Luft während der Einströmung durch das Gießmetall aus der Form verdrängt werden muß, müssen Formtrennung, Strahlführung und Entlüftungsschlitze in gegenseitiger Abhängigkeit so angeordnet werden, daß die Formhohlräume gesetzmäßig in einer solchen Reihenfolge aufgefüllt werden, daß jeder Entlüftungsschlitz erst nach vollständiger Auffüllung des Formhohlraumes, zu dessen Entlüftung er bestimmt ist, vom Metall überflutet wird.

Das Gelingen der Entlüftung hängt somit einerseits von der Formgestaltung, anderseits von dem Verlauf der Einströmung ab. Auch wenn der Formentwurf den Anforderungen der Luftabführung entspricht (wofür die schematischen Darstellungen in den Fig. 31—38 und 55—57 Beispiele geben), kann ein Einschließen von Luftblasen im Gußstück bewirkt werden:

1. durch Strömungsunregelmäßigkeiten, wobei Luft zwischen Schichten flüssigen Metalles versetzt wird;
2. dadurch, daß das Metall zunächst an den Wänden entlangläuft und die Entlüftungsschlitze vorzeitig abschließt;
3. durch falsche Druckverteilung im gestauten Metall, in deren Folge die vom Strahl hereingerissenen Luftblasen nicht vollständig ausgetrieben werden.

Ob und inwieweit diese Umstände während der Einströmung auftreten, hängt aber von der Lage, Größe und Gestalt des Einströmquerschnittes, der Höhe der Einströmgeschwindigkeit sowie der Form- und Gießtemperatur ab.

1. **Strömungsunregelmäßigkeiten.** Die wichtigsten Strömungsunregelmäßigkeiten treten während der Stoßperiode auf, deren Bedeutung von der Geschwindigkeit w des Einlaufstrahles und von dem Verhältnis seines Querschnittes φ zu dem Querschnitt F_1 des Sackhohlraumes abhängt. Ist $\varphi < \frac{1}{4} F_1$, so treten Stoßvorgänge nur zu Beginn der Einströmung auf; liegt φ zwischen $\frac{1}{4} F_1$ und $\frac{1}{3} F_1$, so dauern sie während eines bestimmten Teiles der Auffüllung an; ist $\varphi > \frac{1}{3} F_1$, so erstrecken sie sich über die ganze Einströmungsdauer[73]. Ist die Einströmgeschwindigkeit w sehr gering, so verlaufen die Stoßvorgänge so mild, daß sie auch bei längerer Dauer der Stoßperiode keinen Schaden anrichten. Ist die Einströmgeschwindigkeit w hoch, jedoch der Strahlquerschnitt φ sehr klein, so sind die Stoßvorgänge beim ersten Aufschlag des Metalls auf die Formwand zwar sehr heftig, die Stoßperiode währt jedoch nur so kurz, daß sie gleichwohl unschädlich ist. Ist dagegen bei hoher Einströmgeschwindigkeit w auch der Strahlquerschnitt φ groß, so erfolgen die Stoßvorgänge während eines großen Teiles (oder während der ganzen Dauer) der Auffüllung in sehr heftiger Weise unter Zurückstieben des auf die Wand aufschlagenden Metalles in den Einlaufstrahl und ganz regellosem Zerstieben des letzteren. Dabei muß unvermeidlich Luft in dem gestauten Metall versetzt werden, die infolge der bei diesem Strömungsverlaufe besonders heftigen Wirbelerscheinungen zum Teil darin zurückgehalten wird. Ein Beispiel für einen derartigen Stoßvorgang am ersten Anfang der Auffüllung ist in Fig. 40 gegeben.

2. **Das vorzeitige Entlanglaufen des Metalles an den Formwandungen.** In den weitaus meisten Fällen hat das Einschließen von Luftblasen

---

[73] Diese Grenzwerte sind in der Praxis infolge der bei der wirklichen Strömung auftretenden Störungen und Unregelmäßigkeiten nur annähernd gültig.

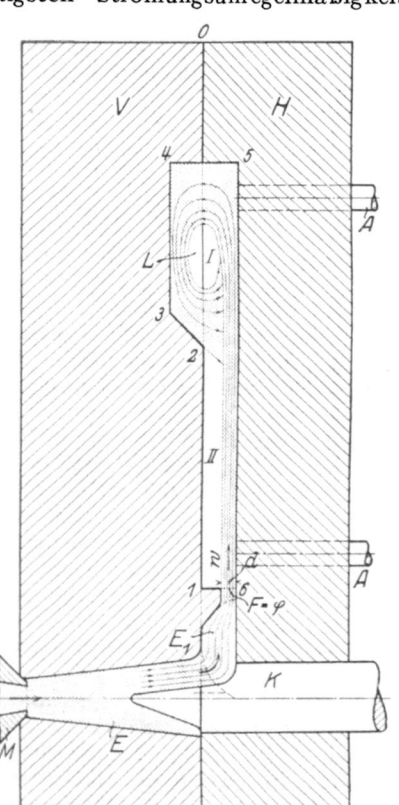

Fig. 74. Anschnitt zu stark; daher durch Voreilung Luft (L) in I eingeschlossen.

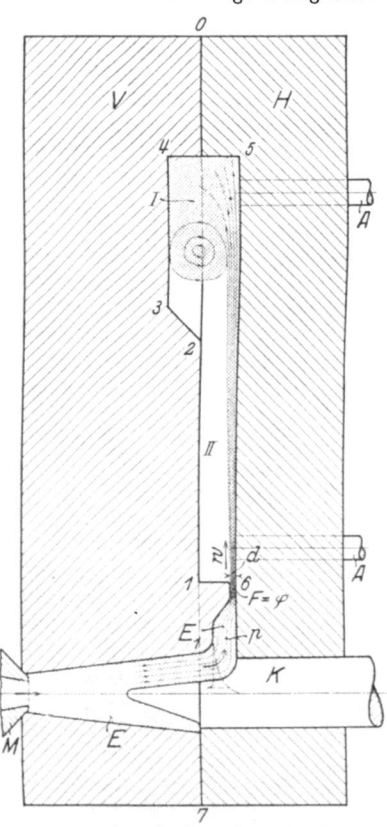

Fig. 75. Anschnitt schwach; Hohlraum I wird durch Stau ohne Lufteinschluß ausgefüllt.

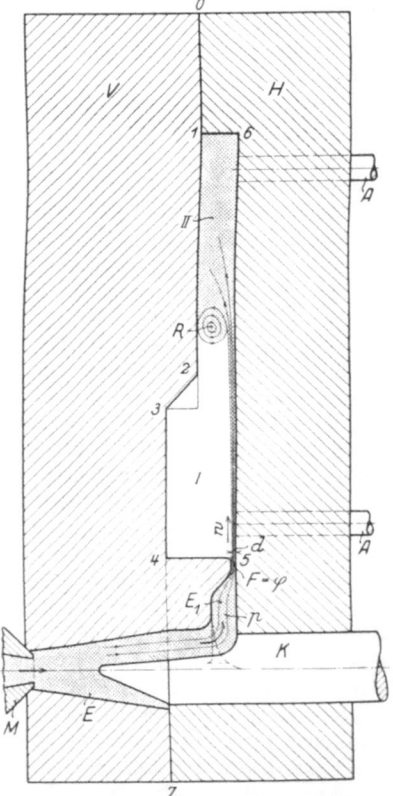

Fig. 76. Günstigste Art der Einformung für derartiges Gußstück.

Fig. 74—76. Gußstück, bei dem schon geringe Voreilung Versetzen von Luft bewirkt. Einströmgeschwindigkeit w ist in allen 3 Fig. gleich hoch angenommen.

in Spritzgußstücken seine Ursache darin, daß das Metall bei falscher Bemessung der Einströmungsgrößen zunächst an den Formwandungen entlang läuft und die Entlüftungsschlitze abschließt, bevor es den Formhohlraum über den ganzen Querschnitt hin auffüllt. Dieses Entlanglaufen an den Wänden kann in zweierlei Art erfolgen: entweder, bei stationärer Einströmung, als „Voreilung", d. h. durch Umlenkung an der Hinterwand eines Sackhohlraumes in einer der Einlaufrichtung entgegengesetzten Richtung, oder, bei Anwachsen des Gießdruckes während der Einströmung, durch Auseinanderstieben des Einlaufstrahles nach allen Seiten (Fig. 77).

Über die „primäre Voreilung" ist in den vorhergehenden Abschnitten schon so ausführlich gesprochen worden, daß hier nur auf ihre praktische Bedeutung hingewiesen werden soll. Ihr Betrag ist nach den früheren Ausführungen um so höher, je größer die Geschwindigkeit w und die Dicke d des einlaufenden Strahles (und damit auch Geschwindigkeit w_h und Dicke d_h der voreilenden Strahlen) sind, je höher die Formtemperatur ist und je höher die Gießtemperatur des Metalles über seinem Schmelzpunkte liegt.

Je kürzer der aufzufüllende Sackhohlraum ist, eine desto geringere Voreilung reicht zur vorzeitigen Absperrung aller Entlüftungsschlitze hin — desto wichtiger ist es also, die primäre Voreilung v_1 durch richtige Bemessung der ihren Betrag bestimmenden Größen niedrig zu halten. Am gefährlichsten ist sie bei solchen Gußstücken, die infolge ihrer Gestaltung das längs den Formwänden voreilende Metall schon nach einer ganz kurzen Strecke in den Einlaufstrahl zurücklenken, wie dies bei dem in Fig. 74—76 dargestellten Gußstück (bei der Einformung entsprechend Fig. 74 bis 75) der Fall ist. Sind, wie in Fig. 74, Geschwindigkeit w und Dicke d des Einlaufstrahles so bemessen, daß das längs den Wänden 4→3 und 3→2 ablaufende Metall bis nach 2 voreilt, bevor der Stau den Hohlraum I völlig ausgefüllt hat, so muß in dem Hohlraum I unvermeidlich Luft (L in Fig. 74) versetzt werden.

Dieser Lufteinschluß in I kann bei der Einformung nach Fig. 74—75 (bei hoher Einströmgeschwindigkeit w) nur dadurch vermieden werden, daß der Anschnitt so schwach bemessen wird (Fig. 75), daß das primär voreilende Metall schon vom Stau überholt ist,

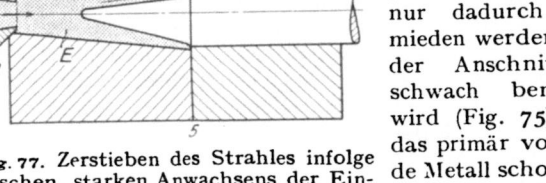

Fig. 77. Zerstieben des Strahles infolge raschen, starken Anwachsens der Einströmgeschwindigkeit w.

bevor es nach 2 gelangt. Am günstigsten ist jedoch für ein Gußstück dieser Art die Einformung nach Fig. 76.

Auch bei dem in Fig. 53/54 dargestellten Gußstück genügt eine Voreilung von der Länge 1→2 (Fig. 60), um das Versetzen von Luft im Metall zu bewirken. Bei diesem Gußstück kann der Übelstand jedoch nicht durch eine andere Art der Einformung, sondern nur durch die richtige Wahl von w und d vermieden werden[74].

Außer durch die Voreilung kann ein vorzeitiges Abschließen der Entlüftungskanäle auch dadurch bewirkt werden, daß der Strahl unmittelbar nach dem Eintritt in die Form nach allen Seiten hin zerstiebt (Fig. 77). Dieses Zerstieben[75] tritt immer dann (aber auch nur dann) ein, wenn während der Einströmungsdauer der Gießdruck p sehr schnell ansteigt, also der Strahl beschleunigt wird, und hält während der ganzen Dauer der Beschleunigung an (siehe S. 17 und Fig. 9). Da es in ganz regelloser Art erfolgt, ist es nicht möglich, die Entlüftungskanäle so anzuordnen, daß sie mit Sicherheit davor geschützt sind, durch das auseinanderstiebende Metall verschlossen zu werden.

Da beim Spritzguß die Einströmungsdauer immer nur kurz ist, bedeutet jede größere Druckerhöhung während der Einströmung einen sehr starken zeitlichen Druckanstieg, ebenso jede nennenswerte Geschwindigkeitssteigerung eine sehr große Beschleunigung[76]. Da es für das Ausmaß der Strahlentartung[77] nur auf den zeitlichen Druckanstieg bzw. auf die Beschleunigung ankommt, und diese Entartung zur Sicherung der Luftabführung und Verhütung des Klecksens möglichst hintangehalten werden soll, muß jedes beträchtliche, insbesondere stoßartige Anwachsen des Gießdruckes während der Einströmungsdauer vermieden werden.

3. Ungünstige Druckverteilung im gestauten Metall. Infolge der Wirbelbildung nimmt der Strömungsdruck über die Staulänge hin nicht kontinuierlich ab. Jeder Wirbel verursacht eine Unregelmäßigkeit der Druckverteilung, die, wenn die Wirbelenergie groß genug ist, zur Ausbildung eines relativen und örtlichen Druckminimums im Wirbelinneren führen kann, so daß eine einmal in das Innere eines solchen Wirbels hineingelangte Luftblase darin verbleibt. Die Energie der Wirbelwalzen und der im Inneren des Staues gebildeten Wirbel ist aber unter sonst gleichen Umständen um so größer, je größer der Strahlquerschnitt φ und die Strahlgeschwindigkeit w sind.

---

[74] Die Gieß- und Formtemperaturen dürfen bei diesem Stück nicht zu niedrig gewählt werden, damit die durch die Gestalt des Strahlweges bedingten Verluste an Strömungsgeschwindigkeit und Strömungsdruck nicht zu groß werden.

[75] Dieses Zerstieben ist wohl zu unterscheiden von demjenigen, das nach den Ausführungen auf Seite 23 zu Fig. 27/28 im ersten Augenblicke der Einströmung bei allen mit sehr breitem, schmalem Einströmquerschnitt angeschnittenen Gußstücken eintritt. Denn bei dem letzteren Vorgange stiebt das Metall nur in Richtung seiner Hauptebene auseinander, so daß die Entlüftungsschlitze durch Versetzen der Trennfuge gegen diese Hauptebene vor dem Metall geschützt werden können. Dagegen zerstiebt bei einer Beschleunigung während der Einströmung der Strahl nach allen Richtungen hin in unberechenbarer Art.

[76] Bei einem in 0,05 sec ablaufenden Einströmvorgange bedeutet ein gleichmäßiges Anwachsen des Gießdruckes um 10 kg/cm² einen zeitlichen Druckanstieg von 200 kg/cm²/sec, oder anderseits eine Zunahme der Einströmungsgeschwindigkeit w um 10 m/sec eine mittlere Beschleunigung von 200 m/sec².

[77] Außer dem Zerstieben des Strahles kann auch eine Ablenkung desselben oder eine sonstige Strömungsanomalie eintreten.

B. Die praktischen Richtlinien für die Bemessung der Einströmungsgrößen und für die Gestaltung des Druckverlaufes in der Gießmaschine.

1. **Der Zusammenhang zwischen der Gestalt des Gußstückes und der Einströmgeschwindigkeit, dem Anschnitt und der Form- und Gießtemperatur.**

Aus den Darlegungen des letzten Abschnittes lassen sich wichtige Folgerungen für die Bemessung des Einströmquerschnittes $F = \varphi$, der Einströmgeschwindigkeit w und der Form- und Gießtemperatur sowie für die wünschenswerte Gestaltung des Geschwindigkeits- und Druckverlaufes ziehen.

Da die Einströmungsgeschwindigkeit w während der Dauer der Formauffüllung gar nicht oder nur unwesentlich zunehmen soll[78]), muß der Gießdruck bei Beginn der Einströmung sofort in voller Höhe „schlagartig" auf das Gießmetall in der Druckkammer einwirken und bis zum Ende der Formauffüllung konstant bleiben.

Ferner ist es nach den Darlegungen des vorigen Abschnittes mit Rücksicht auf die Luftabführung nicht statthaft, die Einströmgeschwindigkeit w und den Einströmquerschnitt $F = \varphi$ zugleich hoch zu wählen, vielmehr ist eine hohe Einströmgeschwindigkeit nur bei schwachem Anschnitt, ein kräftiger Anschnitt nur bei geringer Einströmgeschwindigkeit zulässig.

Die Gesichtspunkte für die Entscheidung zwischen diesen beiden Möglichkeiten sind bei dünnwandigen, sperrigen Gußstücken andere als bei starkwandigen, klobigen; die Frage soll daher für die beiden Gußstücktypen gesondert behandelt werden.

a) **Dünnwandige, sperrige Gußstücke.** Bei dünnwandigen, sperrigen Gußstücken (d. h. im Sinne der obigen Definition: solchen, die schon während des Auslaufens zum größten Teile erstarren) müssen alle Aufgaben des Flüssigkeitsdruckes in der Form vom Strömungsdrucke erfüllt werden. Daher müssen Einströmgeschwindigkeit w und Einströmquerschnitt $F = \varphi$ unter Berücksichtigung ihrer wechselseitigen Abhängigkeit so gewählt werden, daß der Strömungsdruck hinreichend groß wird und zugleich die der Luftabführung schädlichen Vorgänge hintangehalten werden.

Der Strömungsdruck ist dem Werte $\frac{\varphi}{F_1}$ nahezu linear[79]), der Strömungsgeschwindigkeit w quadratisch proportional. Da dünnwandige, sperrige Stücke schon mit Rücksicht auf die Abkühlung des Metalles beim Durchströmen der Form eine so hohe Mindestgeschwindigkeit w bedingen, daß länger währende Stoßperioden unbedingt vermieden werden müssen, muß bei diesen der Einströmquerschnitt in jedem Falle gering sein. Daher kann der erforderliche Strömungsdruck nur dadurch erzielt werden, daß die Einströmgeschwindigkeit w hoch und der Anschnitt dementsprechend sehr klein gewählt wird. Da ferner die Größe der primären Voreilung von der Strahldicke d abhängt, muß der Anschnitt so ausgebildet werden, daß die Strahldicke d sehr gering wird. Hieraus ergibt sich, daß bei dünnwandigen, sperrigen Gußstücken der Anschnitt am günstigsten gestaltet ist, wenn er die Form eines langgestreckten, dünnen Bandes hat, die bei allen bisherigen Betrachtungen vorausgesetzt worden war. Bei dieser Art des Anschnittes wird auch der Strömungsverlauf bei dünnwandigen (d. h. plattenförmigen oder in der Hauptsache aus Platten zusammengesetzten) Gußstücken im allgemeinen am übersichtlichsten. Tatsächlich wird in der Praxis der weitaus größte Teil aller dünnwandigen Gußstücke in dieser Weise angeschnitten.

In manchen Fällen gibt man jedoch dem Einströmquerschnitt die Form eines dünnen Ringspaltes, indem man den Eingußzapfen unmittelbar auf das Gußstück, und zwar über einer Bohrung desselben, so aufsetzt, daß der Bohrungskern die in den Einguß hineinragende Verteilerspitze trägt (Fig. 1 und 2, S. 4). Diese Anschnittart wird namentlich beim Zink- und Zinnspritzguß zur Herstellung von Gußstücken verwandt, deren Gestalt sich der Grundform einer Kreisplatte oder eines Rades nähert und die im Zentrum eine Bohrung haben. Die Strömungsvorgänge verlaufen dabei sehr verwickelt, daher soll hier von ihrer Besprechung abgesehen werden. Es sei nur erwähnt, daß man auch in diesem Falle den Einströmquerschnitt (den Ringspalt) sehr dünn machen muß, um dichte, blasenfreie Gußstücke zu erzielen.

b) **Starkwandige, klobige Gußstücke.** Bei starkwandigen, klobigen Gußstücken, die bis zur Beendigung der Einströmung zum größten Teile flüssig bleiben, kann die Nachverdichtung zur Verhinderung der Lunkerbildung nicht durch den Strömungsdruck bewirkt werden, sondern nur durch den statischen Nachdruck. Damit dieser aber während einer hinreichenden Zeitdauer auf die Gußstückmassen in der Form einwirken kann, muß der Anschnitt so gestaltet sein, daß das in ihm befindliche Metall während dieser Zeit dünnflüssig genug bleibt, um einen hydrostatischen Druck übertragen zu können. Bei solchen Gußstücken, die einen langgestreckten, bandartigen Einguß erfordern, kann dies nur dadurch erfolgen, daß der Anschnitt eine beträchtliche, weit über die bei schwachwandigen Gußstücken üblichen Werte hinausgehende Dicke d erhält. Dies bedingt jedoch nach den bisherigen Ausführungen eine sehr geringe Einströmgeschwindigkeit, damit der Stoßvorgang, die Voreilung und die Wirbelbildung trotz der hohen Werte für die Dicke und den Querschnitt des Einlaufstrahles keine unzulässigen Störungen der Einströmung und kein Versetzen von Luft bewirken.

Das Verfahren ist somit in diesem Falle gänzlich anders als bei schwachwandigen Gußstücken: Die Einströmgeschwindigkeit (und damit der Gießdruck) ist so niedrig, daß sie eben an der durch die Abkühlung des Metalles beim Durchströmen der Form und durch den zur Anpressung erforderlichen Strömungsdruck gegebenen unteren Grenze liegt; nach beendigter Einströmung steigt der Druck in der Druckkammer sprungartig auf einen wesentlich höheren Betrag und wirkt nun als Nachdruck durch den sehr kräftigen Anschnitt hindurch auf die Gußstückmassen bis zu deren Erstarrung ein.

Freilich verfährt man bei starkwandigen, klobigen Gußstücken durchaus nicht immer in dieser Weise. Denn die so hergestellten Gußstücke werden zwar sehr dicht, zeigen aber ein weniger schönes Aussehen als die mit hoher Strömungsgeschwindigkeit und schwachem Anschnitt gegossenen. Ihre Oberflächen zeigen überall da, wo das Metall zusammengeflossen ist, ziemlich deutlich auffallende Zeichnungen (das sogenannte „blumige" Aussehen). Ferner muß ihr Einguß durch mechanische Bearbeitung entfernt werden, was einmal höhere Kosten verursacht als die Eingußentfernung bei dünnem Anschnitt (die meist durch einfaches Abbrechen erfolgt) und überdies auch das Aussehen der Gußstücke durch die größere mechanisch bearbeitete Fläche schädigt.

---
[78]) Über die Anlaufperide siehe S. 15, Fußnote 22.
[79]) Vergl. die Formeln auf S. 40.

Daher wählt man bei klobigen, starkwandigen Gußstücken die Herstellungsweise je nach den Anforderungen und dem Verwendungszweck der Teile. Solche Stücke, bei denen es weniger auf vollständige Dichtheit im Inneren als auf saubere Oberfläche ankommt, gießt man mit hoher Einströmgeschwindigkeit und schwachem Anschnitt, wobei man auf die Verdichtung während der Erstarrung verzichten muß, da der Anschnitt fast unmittelbar nach beendigter Einströmung erstarrt. Solche Teile dagegen, von denen in erster Linie Dichtheit verlangt wird, gießt man mit starkem Anschnitt, geringer Einströmgeschwindigkeit und hohem Nachdruck.

Bei besonders massigen Stücken, die sich nach allen drei Dimensionen hin ungefähr gleichmäßig erstrecken, braucht der Anschnitt keine bandartige Gestalt zu haben. In solchen Fällen kann man den Einströmquerschnitt so gering bemessen, daß hohe Einströmungsgeschwindigkeit zulässig ist, ihn aber dabei als Kreis oder ellipsenartige Fläche ausbilden, so daß die Wärmeableitung des Anschnittes geringer wird und das in ihm befindliche Metall nach beendigter Einströmung noch eine Zeitlang flüssig bleibt. Bei solchen Gußstücken ist es demnach möglich, hohe Einströmgeschwindigkeit mit einer länger dauernden Einwirkung des statischen Nachdruckes zu verbinden.

Freilich sei ausdrücklich bemerkt, daß eine derartige Ausbildung des Anschnittes als massiven Kreiskegels nur bei Gußstücken der vorstehend geschilderten Art zulässig ist, die im Spritzguß verhältnismäßig selten vorkommen. Bei allen anderen Gußstücktypen (d. h. also in den weitaus meisten Fällen) ist diese Art der Anschneidung beim Spritzen mit hohen Geschwindigkeiten unbedingt zu vermeiden.

Außer der Einströmgeschwindigkeit und dem Einströmquerschnitt sind auch die Metall- und die Formtemperatur von erheblicher Bedeutung für den Einströmungsvorgang. Wie auf S. 32 ausgeführt wurde, werden die Reibungsverluste eines an der Formwandung entlangeilenden Metallstrahles in sehr starkem Maße durch die Abkühlung beeinflußt. Die Wärmeabgabe des Metalles an die Formwand ist abhängig von der Differenz zwischen der Metall- und der Formtemperatur, sie wird also um so geringer, je wärmer die Gießform wird. Anderseits ist der Einfluß einer bestimmten Wärmeabgabe auf die Zähigkeit des Metalles (und damit auf seine innere Reibung) um so geringer, je höher es über den Schmelzpunkt überhitzt ist, je weiter es also auch nach der Wärmeabgabe noch vom Schmelzpunkte entfernt bleibt. Somit kann man durch Erhöhung der Form- oder der Gießtemperatur oder beider zugleich die Strömungsverluste des Metallstrahles in der Hohlform beträchtlich vermindern.

Diese Abkühlungsverluste sind für das Spritzgußverfahren zugleich günstig und ungünstig: Günstig, insofern sie die Voreilung des Metalles in sehr wirksamer Weise hintanhalten (S. 32/33), ungünstig, insofern sie den Strömungsdruck beim Auslaufen der vom Anschnitt entfernteren Hohlformteile vermindern und überdies die Zeichnungen auf den Oberflächen der Spritzgußstücke verursachen. Daher gilt es, in jedem praktisch gegebenen Falle den angemessenen Mittelweg zu finden.

Dies geschieht in der Weise, daß man die Gießtemperatur des Metalles immer so niedrig hält und die Formtemperatur nur so hoch bemißt, als eben notwendig ist, damit das Gußstück sauber ausläuft. Im allgemeinen können starkwandige, klobige Stücke mit wesentlich niedrigerer Gießtemperatur gespritzt werden als dünnwandige, verwickelte.

Die oft zu beobachtende Tatsache, daß Formen, die unter bestimmten Temperaturbedingungen gute Gußstücke ergeben, bei einer Steigerung der Formtemperatur plötzlich blasige Stücke liefern, erklärt sich zwanglos aus der Vergrößerung der Voreilung durch die Verminderung der Abkühlungs- und Reibungsverluste.

Nur beiläufig sei erwähnt, daß bei der Bemessung der Form- und Gießtemperatur nicht nur die Einströmvorgänge, sondern, und zwar sehr wesentlich, auch andere Faktoren berücksichtigt werden müssen. Bei der Metalltemperatur muß besonders der Steigerung der Schwindung sowie aller chemischen Einwirkungen (Gasaufnahme, Oxydation, Eisenaufnahme) mit steigender Temperatur Rechnung getragen werden. Die Formtemperatur wird (außer durch den schon erwähnten Zusammenhang mit der Oberflächenbeschaffenheit der Gußstücke) vornehmlich durch Rücksichten auf das Formmaterial und die Festigkeitseigenschaften des Gießmetalls während der Abkühlung bestimmt. Endlich ist zwecks Erzielung eines feinkörnigen Gefüges immer möglichst rasche Abkühlung erwünscht.

Die Grenzen, innerhalb deren die Form- und Metalltemperatur mit Rücksicht auf den Einströmvorgang verändert werden können, sind also ziemlich eng. Wenn sich (bei einem besonders ungünstigen Gußstück) die Notwendigkeit ergibt, die Abkühlungsverluste stark herabzusetzen, so soll man dies zweckmäßig immer zunächst durch Erhöhung der Formtemperatur (durch Verminderung der Formkühlung, u. U. auch durch Beheizung) herbeizuführen suchen und erst, wenn dies nicht ausreicht, auch die Temperatur des Gießmetalles steigern.

2. Richtlinien für die praktische Bestimmung der Einströmungsgrößen.

Zahlenangaben über die Größe der Einströmgeschwindigkeit und die Dicke des Einströmquerschnittes können nur in Form von Grenzwerten gegeben werden, da beide Werte sehr stark von der Größe und Gestalt der Gußstücke und der Art des Gießmetalles abhängen.

Zur Veranschaulichung der Größenordnung sei angegeben, daß beim Gießen dünnwandiger, sperriger Stücke (also bei hohem w und schwachem φ und d) die Einströmgeschwindigkeit w bei den Zink- und Zinnlegierungen im allgemeinen etwa zwischen 18 und 28 m/sec, bei den Aluminiumlegierungen zwischen 30 und 48 m/sec liegt, während die Dicke d des Anschnittes für alle Weißlegierungen bei kleinen Stücken zwischen 0,3 und 0,5 mm, bei mittleren Stücken zwischen 0,5 und 1 mm liegt und auch bei sehr großen Stücken selten über 1,5 mm hinausgeht.

Der Gießdruck p liegt entsprechend den Werten für w etwa zwischen 15 und 35 kg/cm^2. Der Nachdruck p_s ist im allgemeinen (bei Druckluftgießmaschinen immer) gleich dem Gießdruck. Da dem Nachdruck beim Gießen dünnwandiger Stücke infolge der raschen Erstarrung des Anschnittmetalles ohnehin nur geringe Bedeutung zukommt, liegt für diesen Fall auch kein Anlaß vor, ihn nach Beendigung der Einströmung noch über den ohnehin schon hohen Gießdruck hinaus zu erhöhen (Fig. 78).

Zwischen den angegebenen Grenzwerten können für jeden Einzelfall die passenden Werte nur durch die Erfahrung des Spritzgußfachmannes nach der Größe und Gestalt des herzustellenden Gußstückes bestimmt oder durch systematisches Probieren gefunden werden. Daß dabei die Bemessung des Anschnittes mit besonderer Vorsicht vorgenommen werden muß, ist nach dem bisher Gesagten selbstverständlich, da ein zu starker Anschnitt unvermeidlich blasige Gußstücke ergibt. Jedoch soll auch die Einströmgeschwindigkeit w nicht höher gewählt werden, als unumgänglich notwendig ist. Denn erstens wachsen mit w auch die Auswaschungs- und Festigkeitsbeanspruchungen der Druckkammer und der

Gießform. Ferner ist eine zu hohe Einströmgeschwindigkeit auch insofern ungünstig, als mit wachsendem w das vom Strahl in den Metallstau mitgerissene Luftquantum wächst und zugleich (unter sonst gleichen Umständen) die Energie der die Luft im Stau zurückhaltenden Wirbel zunimmt. Daher kann eine zu hohe Einströmgeschwindigkeit ebenso schädlich sein wie eine zu niedrige.

Wenn ein Gußstück, dessen Anschnitt die nach den sonstigen Erfahrungen bei Stücken ähnlicher Gestalt und Größe angemessene Dicke hat, auch bei dem höchsten, sonst üblichen Gießdruck nicht auslaufen will, so darf man das Vollaufen nicht dadurch erzwingen wollen, daß man einfach den Anschnitt verstärkt oder den Gießdruck weiter erhöht. Man muß dann zunächst die Ursachen in anderen Faktoren suchen. Zuerst ist in einem solchen Falle zu prüfen, ob die Lage des Anschnittes bzw. die Richtung des einlaufenden Strahles zweckmäßig gewählt sind. Der Anschnitt muß — zur Ersparung aller vermeidbaren Strömungsverluste — so angeordnet werden, daß der einlaufende Metallstrahl

peratur innerhalb der zulässigen Grenzen zu erhöhen. Erst wenn alle diese Mittel nichts gefruchtet haben, ist es berechtigt, die Einströmgeschwindigkeit (bzw. den Gießdruck) über die sonst übliche Obergrenze hinaus zu steigern.

Wenn ein Spritzgußstück zwar scharfkantig ausläuft, jedoch in seinem Innern Blasen und Hohlräume zeigt, wird hieraus in der Werkstatt häufig gefolgert, daß der Anschnitt zu schwach ist und verstärkt werden müsse. Nach allen bisherigen Ausführungen versteht es sich von selbst, daß dieser Schluß im allgemeinen nicht berechtigt ist. Blasige Stellen in einem sonst scharf ausgelaufenen Gußstücke deuten, wenn sich keine anderen, näherliegenden Ursachen dafür finden lassen, eher auf zu starken als auf zu schwachen Anschnitt.

Für die Herstellung dickwandiger Gußstücke mit geringer Einströmgeschwindigkeit, starkem Anschnitt und hohem Nachdruck können für die Geschwindigkeit w und den Gießdruck p keine zahlenmäßigen Grenzwerte angegeben werden, da hierbei die Verhältnisse von Fall zu Fall zu sehr verschieden sind[80]). Ebenso kann auch

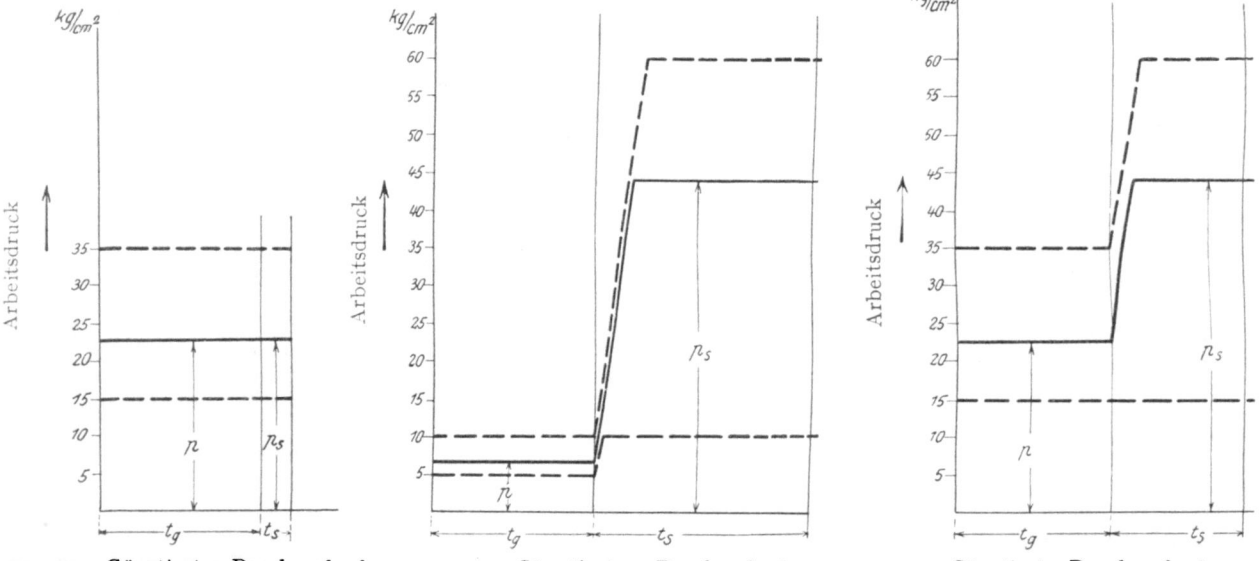

Fig. 78. Günstigster Druckverlauf zum Spritzen mit hoher Geschwindigkeit und schwachem bandartigen Anschnitt (vorzugsweise für dünnwandige Stücke).

Fig. 79. Günstigster Druckverlauf zum Spritzen mit geringer Einströmgeschwindigkeit und starkem Anschnitt (für dickwandige Stücke).

Fig. 80. Günstigster Druckverlauf zum Spritzen mit hoher Einströmgeschwindigkeit und kleinem, jedoch kompaktem Anschnitt (für besonders massige, klobige Gußstücke)

Fig. 78—80. Schaubild des günstigsten, zeitlichen Arbeitsdruck-Verlaufs für die drei Verfahrensarten beim Spritzguß. t_g bedeutet die Einströmungsdauer, t_s die Zeit vom Ende der Auffüllung bis zur Erstarrung des Anschnittes.

in alle größeren Formhohlräume möglichst unmittelbar so hineingeführt wird, daß er sie mit möglichst wenig Umlenkungen bis zu den Sackenden durcheilt, in denen er gestaut wird und von denen aus die Auffüllung beginnt. Jede Strahlführung ist als falsch zu bezeichnen, bei der der Einlaufstrahl erst durch die Formhohlräume dünnwandiger, verwickelter, mehrfache Umleitungen bedingender Ansatzteile hindurcheilen muß, bevor er in die Haupt-Formhohlräume vom größten Querschnitt und Volumen gelangt, oder bei der gar der Einlaufstrahl auf Kerne oder sonstige in die Hohlform hineinragende Formteile aufschlägt, an denen er zerstiebt, bevor er in den Stau gelangt.

Ist die Strahlführung einwandfrei und will das Gußstück dennoch nicht auslaufen, so liegt dies häufig an ungenügender Bemessung oder falscher Anordnung der Luftabführungsschlitze. Ist die Form auch unter diesem Gesichtspunkte überprüft und einwandfrei befunden, so kann man versuchen, zur Herbeiführung des Auslaufens die Formtemperatur und u. U. (jedoch mit sehr großer Vorsicht) auch die Metalltem-

über die Dicke d des Anschnittes allgemein nur gesagt werden, daß ihr Mindestbetrag der Größenordnung nach im Bereiche von mehreren Millimetern liegen muß.

Der Nachdruck p_s wird in diesem Falle gegenüber dem Gießdruck p meist sehr stark erhöht; jedoch ist sein Betrag ebenfalls bei verschiedenen Gußstücken sehr verschieden. In der Mehrzahl der Fälle dürfte er zwischen 10 und 35 kg/cm² liegen; jedoch sind auch Nachdrücke bis zu 60 kg/cm² nicht selten (Fig. 79).

Bei sehr klobigen Stücken, die mit geringem, jedoch kompakt gestaltetem Anschnitt und mit hohem w gegossen werden, kann der Gießdruck p etwa in denselben Grenzen liegen wie bei dünnwandigen Stücken. Jedoch ist es in diesem Falle oft angebracht, den Nachdruck p_s gegenüber p zu steigern, da p_s während einer immerhin in Betracht kommenden Zeit t_s auf den größten Teil der Gußstückmassen einwirkt.

---

[80]) Die in Fig. 79 gestrichelt eingezeichneten Grenzwerte für p dienen nur zur Veranschaulichung des allgemeinen Charakters des Druckverlaufes.

3. Der zeitliche Verlauf des Arbeitsdruckes in der Gießmaschine.

Das Spritzgußverfahren besteht somit aus drei verschiedenen Verfahrensarten, zwischen denen das für jeden Fall geeignetste nach der Gestalt und den besonderen Erfordernissen des herzustellenden Gußstückes auszuwählen ist. Jede Verfahrensart bedingt einen anderen Verlauf des Arbeitsdruckes in der Gießmaschine.

In den Fig. 78—80 sind die drei Verfahrensarten schematisch veranschaulicht. Die stark ausgezogenen Kurven stellen den Druckverlauf bei drei für die betreffenden Verfahrensarten typischen Gießvorgängen dar. Fig. 78 zeigt den Verlauf des Arbeitsdruckes bei dem Spritzverfahren mit hoher Einströmgeschwindigkeit und geringem, bandartigem Anschnitt (vorzugsweise für dünnwandige, sperrige Stücke). Der Nachdruck p_s ist ebenso hoch wie der Gießdruck p und wirkt nur während der sehr kurzen Zeit t_s bis zur Erstarrung des Anschnittes auf das Gußstück[81]). Fig. 79 zeigt den Druckverlauf beim Spritzen mit geringer Einströmgeschwindigkeit, starkem bandartigem Anschnitt und hohem Nachdruck (für dickwandige, plattenartige Stücke). Die Zeit t_s, während deren der Nachdruck (bis zur beendigten Erstarrung des Anschnittmetalls) auf die Gußstückmassen einwirkt, ist bedeutend größer als im Falle der Fig. 78[81]). Fig. 80 veranschaulicht den Druckverlauf bei der Herstellung eines besonders massigen Gußstückes mit kreisförmigem Einströmquerschnitt, das mit hoher Einströmgeschwindigkeit und hohem Nachdruck gegossen wird. Die Einwirkungsdauer t_s des Nachdruckes ist geringer als in Fig. 79, aber weit größer als in Fig. 78.

In den drei Figuren ist der Gießdruck entsprechend der auf S. 45 begründeten Forderung als konstant angenommen. Die gestrichelten Kurven bezeichnen die Ober- und Untergrenzen für den Gieß- und Nachdruck.

Wie die Schaubilder in Fig. 78—80 zeigen, können die für alle möglichen, in der Praxis vorkommenden Gußstücke jeweils günstigsten Gestaltungen des Druckverlaufes eine ungeheure Mannigfaltigkeit zeigen. Gießdruck und Nachdruck können alle zwischen den Ober- und Untergrenzen liegenden Werte annehmen; ebenso können die Einströmzeit t_g und die Nachdruckzeit t_s alle möglichen Größen zwischen einigen Hundertstel und einigen Zehntel Sekunden haben.

Eine ideale Gießmaschine müßte auf alle diese verschiedenen Arten des Druckverlaufes einstellbar sein, um alle vorkommenden Gußstücke in der nach ihrer besonderen Eigenart jeweils günstigsten Weise gießen zu können.

Aus den Fig. 78—80 ergibt sich somit eine Richtlinie zur Beurteilung der ausgeführten Maschinentypen in bezug auf die Ausbildung der Druckmittelbetätigung.

---

[81]) Der Arbeitsdruck in der Maschine muß über t_s hinaus bis zur Erstarrung des Eingußzapfens einwirken, braucht aber nach Ablauf von t_s nur noch gering zu sein. Der Druckabfall nach Ablauf von t_s ist in Fig. 78—80 nicht mitgezeichnet.

Die wichtigste, über die Brauchbarkeit einer Spritzgußmaschine entscheidende Bedingung besteht darin, daß der Gießdruck während der ganzen Einströmungsdauer t_g nicht beträchtlich oder gar schlagartig ansteigen darf. Gießmaschinen, bei denen der Gießdruck während der Einströmung stoßartig zunimmt, sind von vornherein ungeeignet.

An zweiter Stelle steht die Forderung möglichst weitgehender Regelbarkeit des Druckverlaufes. Praktisch muß eine Gießmaschine wenigstens für eine Verfahrensart weitgehende Druckregelung gestatten, damit sie zur Herstellung einer Gruppe von Gußstücken eines bestimmten Charakters vollkommen geeignet ist.

Die weitestgehende Regelung des Druckverlaufes gestatten die Kolbenspritzpumpen, bei denen bei zweckmäßiger Ausbildung der Kolbenbetätigung konstante Strahlgeschwindigkeiten in allen möglichen Höhen, sowie ein plötzlicher Anstieg des Druckes vom Gießdruck auf den Nachdruck (zur Herstellung dickwandiger Stücke mit starkem Anschnitt) erzielbar sind. Freilich sind durchaus nicht alle in der Praxis angewandten Kolbenspritzpumpen so ausgebildet, daß sie eine derartige Regelbarkeit besitzen.

Die Druckluftgießmaschinen gestatten grundsätzlich keine so weitgehende Regelung des Druckverlaufes. Zwar kann man durch Einstellung des Druckes der komprimierten Luft jede beliebige, bei zweckmäßiger Ausbildung und Anordnung des Druckluft-Einlaßorganes und der Druckkammer konstante Strahlgeschwindigkeit erzielen, jedoch ist es bei den bisher ausgeführten Druckluftmaschinen nicht möglich, den Gießdruck nach Beendigung der Einströmung sprungartig ansteigen zu lassen. Wenn man also ein dickwandiges Gußstück mit geringer Einströmgeschwindigkeit und starkem Anschnitt gießen will, kann der Nachdruck nur die gleiche Höhe haben wie der Gießdruck.

Man hat zwar öfters vorgeschlagen, auch bei den Druckluftgießmaschinen eine größere Regelbarkeit des Druckverlaufes durch ein allmähliches Öffnen des Drucklufteinlaßorganes zu erreichen. Da jedoch bei einem solchen Verfahren der Gießdruck während der Einströmung sehr stark ansteigen müßte, würde dabei der Strahl unter fortwährendem Zerstieben in die Form einströmen. Es bedarf nach dem oben Gesagten keiner näheren Erklärung, daß eine solche Gestaltung des Einströmvorganges höchst unerwünscht ist.

Ebenso sind auch alle diejenigen Versuche mit Vorsicht zu beurteilen, die darauf ausgehen, den Gießdruck durch einen Explosionsdruck zu bewirken, da sich ein Explosionsdruck wohl kaum so genau regeln und beherrschen läßt, daß der Einströmvorgang mit der der jeweiligen Beschaffenheit des Gußstückes angemessenen Geschwindigkeit und ohne stoßartige Beschleunigung vor sich geht.

Lebenslauf.

Ich, Leopold Frommer, wurde am 15. Januar 1894 zu Leipzig geboren. Nachdem ich im Jahre 1913 die Reifeprüfung abgelegt hatte, studierte ich in Jena und an der Technischen Hochschule Charlottenburg Physik und Maschinenbau. Im Januar 1922 bestand ich die Diplomprüfung für Maschinenbau. Vom April 1922 bis zum 30. Juni 1925 war ich bei der Firma Ludwig Loewe & Co. A.-G., Berlin, angestellt, wo ich die Arbeiten zur Einführung des Aluminiumspritzgußverfahrens leitete.

Die Anregung zu der vorliegenden Arbeit erhielt ich von Herrn Prof. Dr. G. Schlesinger, Berlin, unter dessen Anleitung ich sie auch durchgeführt habe. Die Unterlagen für die Bearbeitung der strömungstechnischen Fragen habe ich dem Kolleg von Herrn Prof. Dr. H. Föttinger, Leiter des Instituts für Strömungsphysik an der Technischen Hochschule zu Charlottenburg, entnommen. Herr Prof. Dr. Föttinger unterstützte mich bei der Durcharbeitung der Strömungsprobleme auch persönlich durch zahlreiche Ratschläge und Hinweise.

Beiden Herren bin ich für ihre wohlwollende Förderung meiner Arbeit zu großem Danke verpflichtet.

MIX
Papier aus verantwortungsvollen Quellen
Paper from responsible sources
FSC® C105338

If you have any concerns about our products,
you can contact us on
ProductSafety@springernature.com

In case Publisher is established outside the EU,
the EU authorized representative is:
**Springer Nature Customer Service Center GmbH
Europaplatz 3, 69115 Heidelberg, Germany**

Printed by Libri Plureos GmbH
in Hamburg, Germany